BIM 技术及施工管理应用

刘　梅　王培军　常熠存　著

陕西师范大学出版总社　西安

图书代号 ZZ24N1500

图书在版编目（CIP）数据

BIM 技术及施工管理应用 / 刘梅，王培军，常煜存著 . -- 西安：陕西师范大学出版总社有限公司，2024. 9. -- ISBN 978-7-5695-4597-5

Ⅰ . TU71-39

中国国家版本馆 CIP 数据核字第 2024H7Z622 号

BIM 技术及施工管理应用
BIM JISHU JI SHIGONG GUANLI YINGYONG

刘 梅 王培军 常煜存 著

特约编辑	马辉娜
责任编辑	赵 倩 胡雨琛
责任校对	刘 翠
封面设计	知更壹点
出版发行	陕西师范大学出版总社有限公司
	（西安市长安南路 199 号　　邮编　710062）
网　址	http://www.snupg.com
印　刷	河北赛文印刷有限公司
开　本	710 mm×1000 mm　　1/16
印　张	11
字　数	220 千
版　次	2024 年 9 月第 1 版
印　次	2024 年 9 月第 1 次印刷
书　号	ISBN 978-7-5695-4597-5
定　价	60.00 元

作者简介

刘梅，女，山东大学副教授。毕业于美国纽约大学，博士研究生，研究方向：建筑信息化 BIM 技术、装配式钢结构智能建造技术。先后在《建筑结构学报》、*Engineering Structures*、*Thin-walled Structures* 等期刊上发表多篇论文。

王培军，男，山东大学教授。毕业于同济大学，博士研究生，研究方向：钢 – 混凝土组合结构性能研究、工程结构抗火理论研究等。先后在 *Engineering Structures*、*Journal of Constructional Steel Research*、*Thin-walled Structures* 等期刊上发表多篇论文。

常煜存，男，山东大学博士后。毕业于哈尔滨工业大学，研究方向：钢结构稳定理论与分析方法。先后在 *Engineering Structures*、*Journal of Constructional Steel Research*、*Journal of Building Engineering* 等期刊上发表多篇论文。

前　言

目前，建设工程施工管理难度较大，尤其是在现阶段建设工程项目越来越复杂以及管理要求不断提升的背景下，管理人员面临较大的压力。为了切实优化建设工程施工管理效果，积极引入先进技术手段极为必要，而 BIM（Building Information Modeling，建筑信息化模型）技术的应用可以发挥出较强的价值。

全书共九章。第一章为绪论，主要阐述了 BIM 的概念、BIM 技术的内涵、BIM 技术的特征、BIM 技术的应用模式等内容；第二章为 BIM 技术应用现状，主要阐述了国外 BIM 技术应用现状和国内 BIM 技术应用现状等内容；第三章为 BIM 技术在建筑业的应用，主要研究了业主方 BIM 技术的应用、设计方 BIM 技术的应用、施工方 BIM 技术的应用、运营方 BIM 技术的应用等内容；第四章为施工进度管理 BIM 技术应用，主要讲述了施工进度管理概述、影响施工进度管理的因素、基于 BIM 技术的施工进度管理应用等内容；第五章为施工质量管理 BIM 技术应用，主要介绍了施工质量管理概述、影响施工质量管理的因素、基于 BIM 技术的施工质量管理应用等内容；第六章为施工成本管理 BIM 技术应用，主要探讨了施工成本管理概述、施工成本管理的重要性和难点、基于 BIM 技术的施工成本管理应用等内容；第七章为施工安全管理 BIM 技术应用，主要介绍了施工安全管理概述、传统安全管理的难点与缺陷、BIM 技术安全管理的优势、基于 BIM 技术的施工安全管理应用等内容；第八章为工程变更管理 BIM 技术应用，主要讲述了工程变更概述、影响工程变更的因素、基于 BIM 的工程变更管理应用等内容；第九章为工程案例，主要介绍了多哈大桥项目、盘锦体育场项目、徐州奥林匹克体育中心体育场项目等内容。

在撰写本书的过程中，笔者借鉴了国内外众多专家学者的研究成果，在此对他们表示诚挚的感谢。

由于笔者水平有限，书中有一些内容还有待进一步深入研究和论证，在此恳切地希望各位读者朋友予以斧正。

目　　录

第一章 绪论

运用 BIM 技术进行建筑工程施工管理可以有效地提高工程管理效率和管理质量，BIM 技术是现代化建筑施工管理中的核心技术。本章分为 BIM（Building Information Modeling，建筑信息化模型）的概念、BIM 技术的内涵、BIM 技术的特征、BIM 技术的应用模式四部分。

第一节 BIM 的概念

一、BIM 的起源

千百年来，人们一直以二维的图形文件作为表达设计构思的手段和传递信息的媒介，但二维的信息表达方式本身具有很大的局限性，限制了人们的构思和交流，于是人们开始借助模型来表达构思或分析事物。模型，从本义上讲，是原型（研究对象）的替代物，是用类比抽象或简化的方法对客观事物及其规律的描述，模型所反映的客观规律越接近真实规律、表达原型附带的信息越详尽，则模型的应用水平就越高。在早期阶段，建筑师常常将制作的实体模型作为建筑表现手段，随着计算机技术的发展，研究人员开始在计算机上进行三维（3D）建模。早期的计算机三维模型是用三维线框图去表现建筑物的，这种模型比较简单，仅能用于几何形状和尺寸的分析。后来出现了用于三维建模和渲染的软件，这种软件可以给建筑物表面赋予不同的颜色以代表不同的材质，还可以生成具有实景效果的三维建筑图，但是这种三维模型仅仅是建筑物的表面模型，没有建筑物内部空间的划分，只能用来推敲设计的体量造型、立面和外部空间，并不能用于设计分析和施工规划。随着建筑工程规模越来越大，附加在建筑工程项目上的信息量也越来越大。

当代社会对信息的日益重视使人们意识到信息会对项目的整个建设周期乃至整个生命周期都有重要影响，信息利用水平直接影响项目建设目标的实现。因此，在建筑工程中应用合理的方法和技术来处理各种信息，建立起科学的、能够支持项目整个建设周期的信息模型，实现对信息的全面管理是十分必要的。

近年来，BIM 无论是作为一种新的理念，还是作为一种新的生产方式都得到了业内广泛的关注。很多人都认为 BIM 是一个新事物，但实际上，BIM 的思想由来已久。早在 20 世纪 70 年代，被誉为"BIM 之父"的伊斯特曼（Eastman）教授就提出了 BIM 的设想，预言未来将会出现可以对建筑物进行智能模拟的计算机系统，并将这种系统命名为"Building Description System"。此后，BIM 的发展虽然受到计算机辅助设计（Computer Aided Design，CAD）软件的冲击，但学术界对 BIM 的研究从来没有中断过。在欧洲，主要是芬兰的一些学者对基于计算机的智能模型系统"Product Information Model"进行了广泛的研究，而美国的研究人员则把这种系统称为"Building Product Model"。1986 年，美国学者提出了"Building Modeling"的概念，这一概念与现在业内广泛接受的 BIM 概念非常接近，包括三维特征、自动化的图纸创建功能、智能化的参数构件、关系型数据库等。在"Building Modeling"概念提出不久，"Building Information Modeling（BIM）"的概念真正被提出，但当时受计算机硬件与软件水平的影响，BIM 还只是停留在学术研究的范畴，并没有在行业内得到推广。BIM 真正开始流行是在 2000 年之后，得益于软件开发企业的大力推广，很多业内人士开始关注并研究 BIM。目前，与 BIM 相关的软件、互操作标准都得到了快速的发展，欧特克（Autodesk）、奔特力（Bentley）、图软（Graphisoft）等全球知名的建筑软件开发企业纷纷推出了自己的产品，BIM 不再是学者在实验室研究的概念模型，而是变成了在工程实践中可以实施的商业化工具。

二、BIM 的内涵

BIM 的全称为建筑信息模型，通过在计算机中建立建筑物参数化和数字化的 3D 模型，来模拟建筑物或构筑物所具有的全部真实信息，进而对工程项目的各种相关信息进行详细表达，将建筑物以三维立体的方式显示出来。

BIM 基于 3D 可视化技术，包含传统的 2D（二维）、3D，甚至 4D、5D、6D（4D 即进度规划，5D 即成本预算，6D 即其他信息）的信息模型，提升了对工程信息的表达能力，减少了因资料不全带来的损失，规范了文件的归整，促使项目参与方可以高效协作。该模型将结构的几何信息和非几何信息等各种信息进行集成，同时这些信息都可以通过参数化的方式进行关联，如果其中某个模型的结构参数发生改变，该模型实体也可以随着参数的变化而进行相应的改动，进而形成新的实体模型。就目前对于 BIM 的研究情况来看，BIM 模型大多能达到 5D 的标准，除了表达几何构造的静态空间信息，还可清晰地表达尤为重要的动态数据信息。

三、BIM 的应用场景

（一）建筑性能分析

基于 BIM 生成的 3D 模型有诸多优点。在设计时就可以对建筑性能参数如日照时间、建筑能耗、阴影等进行分析，通过专业建筑设计软件进行场景模拟，最终确定出最佳的设计方案。

（二）设计方案比选及优化

通过 BIM 建模可以快速形成多个设计方案用于比选。在可视化的三维仿真场景支持下，各相关方可以进行充分沟通，快速比选出最佳方案，高效高质地实现设计优化。基于数字三维模型除了可以对设计方案予以优化，还可模拟施工，节约成本。

（三）碰撞检测与综合协调

通过 BIM 软件导入各专业如消防、暖通、强弱电等各自布线走向的信息从而构建三维模型，可在正式施工前开展管线碰撞检测，及时解决空间冲突问题，大幅提高管线施工的综合协调能力，优化工程设计，避免设计错误的传递，提高施工质量。

（四）虚拟仿真及其漫游

利用 BIM 软件生成建筑物三维模型后，通过动画或虚拟漫游形式对建筑物内部进行检查，因其具有接近现实环境的视觉和空间体验特点，可以及时发现不易察觉的设计缺陷或问题，从而减少因事先设计不完善造成的损失。

（五）图纸生成

BIM 设计出图是为了解决二维设计平面、立面、剖面不一致，避免各专业间设计表达信息不对称的问题，为后续设计交底、施工深化设计提供准确依据。

（六）工程量统计

利用 BIM 算量软件进行模型映射，通过识别映射后的模型构件属性运行提前设置好的运算规则，进行算量分析，导出 BIM 工程量统计表。

第二节　BIM 技术的内涵

一、BIM 技术的含义

BIM 是以三维数字技术为基础，集成工程建设过程中各类工程信息的数据模型，是对在建工程项目实体与功能特性的数字化表达。BIM 不仅是三维数字化模型，同时也是工程项目的信息库，涉及工程建设项目的全生命周期。BIM 技术的出现，打破了传统二维工程项目管理方式的诸多限制，实现了各专业的数据共享和协同管理，减少了施工过程中的信息损失，实现了建筑业的数字化跨越。

作为建筑领域的新兴技术，BIM 技术在国内外的工程领域具有广泛的应用。利用 BIM 技术的可视化、协调性等特性，可减少各专业人员因沟通障碍产生的损失，提升工程项目的设计和工作效率。同时，综合运用 BIM 技术的模拟性、优化性特点，在设计前期对施工方案、工程量、日照、节能等进行模拟，可优化建筑设计方案和建筑施工方案，减少在建工程施工过程中可能出现的问题。此外，BIM 三维建模软件相对同类别三维模拟软件的最大优势就是可出图性，在施工图设计阶段，可将三维模型直接转换成二维图纸，有效解决不同专业之间的信息传递问题，提升设计阶段的效率和质量。

二、BIM 技术的原理

BIM 是建筑模型搭建时数字化的映射，它不是单一的技术，而是一系列的数字化信息技术。它通过三点构成模型。提供共享资源是 BIM 模型的第一点也是模型的基础，支撑了第二点和第三点。最核心的是第二点即 BIM 建模，它是一个在建筑全生命周期中不断应用信息完善模型的行为过程。这一过程中所有涉及的建筑构件都有自己的属性数据，在计算机对模型进行处理时，它可以自动读取和操作模型的所有信息，如果对构件的相关参数信息进行修改，则会相应地体现在视图和构件模型中，并且软件可自动识别。正因为如此，BIM 才拥有较为强大的模拟计算功能。第三点是建筑信息管理，它是第二点 BIM 建模的保证。

传统意义上的绘图工具如 SketchUp、CAD 软件，它们在可视化上较手工绘图显得出色，但是在建模的过程中并没有任何知识信息的注入，它们的操作对象是点、线、面这种简单的几何关系，在模型内部不支持动态操作，也就是没有参数化的设计，不能自由地调节比例和位置，后期需要大量的人力进行调整。当采用 BIM 技术进行建筑参数化设计时，建立和修改的模型并不是一堆毫无关联的点和线，而是相互关联的具有建筑构件属性的建筑物体，它的操作对象是墙面、门、窗的建筑属性构件，它建立的模型不仅拥有厚度、宽度、长度，还拥有材料属性，如外饰面、保温材料、材料造价等。在 BIM 技术建立的三维空间模型中，各个建筑构件之间存在着双向关联性，也就是说在模型中修改构件信息参数时，关联构件也会随之改变，如在模型中屋顶与墙体相连，将屋顶抬高，墙体参数也随之变高；对模型中墙上的门窗参数进行调整时，墙上的洞口参数也会随之改变。

BIM 技术是基于三维几何的信息模型，它的核心是"信息"，其中包含着基本参数信息与附属参数信息，也就是模型中建筑构件的几何参数、物理参数、构造参数等基本参数信息以及它所附带的经济、技术等附属参数信息。它承载了项目整个生命周期的信息内容，在建模、设计、深化、施工等过程中不断应用信息来修改与优化信息模型，最终形成关于这个建筑构件的信息数据库。

三、BIM 技术相关标准

（一）BIM 标准支撑体系

1. IFC 信息交换标准

IFC（Industry Foundation Class，工业基础类）标准是 BIM 技术的第一支撑体系，第一个完整版本最早由英国伦敦的国际协同工作联盟（IAI）制定，随后陆续推出了新的版本。IFC 标准本质上是一种数据规范，发布后立刻在全球得到了广泛的支持与应用，为建筑信息模型数据格式的标准化研究与制定奠定了基础。

IFC 信息交换标准主要面向建筑工程领域中的工业与民用建筑，其主要特点在于公开化、结构化的信息格式，用于系统间数据的交互与共享。

IFC 标准的目的是在建筑行业中创建一个全面、通用的数据交换格式，使得项目全生命周期各个阶段之间的信息可以有效地共享与互用。IFC 标准的产生给建筑行业带来了深刻的影响，它打破了不同软件之间的数据壁垒，使得软件中的工程数据可以完整地导入另一软件中使用，从而在最大程度上实现了数据共享，避免了重复劳动，减少了工程成本。

2. IDM 模型信息交付标准

IFC 标准虽然规范建筑全生命周期的全部信息，但在实际项目应用中，不同阶段应用的 BIM 软件针对当前阶段工程项目所面临问题都普遍具有特殊的针对性，因此 IFC 标准在特定阶段软件使用中都是高度冗余的。IFC 标准未明确针对项目的特定阶段，因此在不同阶段因缺少特定的信息需求容易引起交互数据受损。

IDM（Information Delivery Manual，信息交付手册）标准一方面针对项目特定阶段需要交付的项目信息进行了规范，在一定程度上解决了 IFC 标准缺少针对性信息而造成的数据完备性受损的问题；另一方面对不同阶段的工程信息进行了详细规定，使得在工程项目各个阶段中的专业人员交流的信息规范化、标准化。在建筑工程领域中，IDM 实现了对建筑工程项目全生命周期各阶段信息的定义，使不同工程项目阶段中的人员在协同工作时信息交换透明、有序，明确了各专业的建筑软件对建筑信息筛选的方法等。

3. IFD 国际字典框架标准

IFD（International Framework for Dictionaries，国际字典框架）标准用来对比提取信息和需求信息的一致性。由于全球的自然语言具有多样性和多义性，虽然 IDM 标准解决了建筑全生命周期内特定阶段要交付的项目信息问题，但是如何确保不同国家、不同地区、不同语言和文化背景的信息提供者与所需的信息有着完全一致的解读是 IFC 标准应用的关键。

IFD 标准旨在解决全球语言文化差异给 BIM 标准带来的难以统一定义信息的困难。IFD 标准将概念和名称分开描述，引入全局唯一标识符（Global Unique Identifier，GUID），将每一个概念都由 GUID 来定义，不同文化背景下的语言的名称和描述都可以通过 GUID 找到所需的信息，保证每一个人通过信息交换得到的信息与所需信息一致。IFD 标准为所有用户提供了便捷通道，保证了通过信息交换得到的信息的一致性与有效性。

（二）国内外 BIM 标准发展现状

BIM 技术的产生使得工程建设行业发生了重大变革，但是在应用过程中 BIM 技术始终存在缺乏共同的信息集成、共享和协作的标准体系的问题，使得 BIM 技术的发展受到极大的制约。CAD 标准是 CAD 时代的产物，BIM 标准的建立也将是 BIM 发展的必然结果。BIM 标准体系的制定为建筑全生命周期中的信息的录入和传递提供了统一的规则，强调项目各参与方之间的参与、共享与协同，弱化建筑工程领域限制，提高工程效率。

1. 国外 BIM 标准

随着 IFC 标准、IDM 标准、IFD 标准在 BIM 技术中的推广，国外较早地开启了 BIM 标准的相关研究，不同国家根据国内 BIM 发展的实际情况分别制定了各自的 BIM 规范标准，在具体内容及针对性等方面，每个国家都有各自的标准体系。在国外完善的标准体系下，BIM 技术有了快速发展的机会。

从公开发表的 BIM 标准来看，美国早在 2003 年就由总务管理局开始创建 BIM 指南系列，于 2012 年最终完成八册指南文件。2007 年由美国国家建筑科学研究院颁布了美国国家 BIM 标准（National BIM Standard，NBIMS）第一版，该标准涵盖了数据的存储内容、信息描述方式以及信息交流途径等三大部分的主要内容。此外，英国推行的是 AEC（UK）BIM 标准，澳大利亚推行的是国家数字模拟指南（National Guidelines for Digital Modeling），挪威、新加坡、韩国、日本等国家也都陆续推出了相应的 BIM 技术应用指南。各个国家都在不断地修改、完善 BIM 技术相关的标准与应用指南，将政府项目作为试点，集成建设项目的建筑信息，促进 BIM 技术在建筑行业中的发展。

2. 国内 BIM 标准

随着我国 BIM 技术的快速发展，国内主要的建筑企业都把 BIM 技术作为实现建筑业数字化转型的关键。在国家级 BIM 标准方面，2011 年住房和城乡建设部发布《2011—2015 年建筑业信息化发展纲要》，首次把 BIM 作为实现建筑行业信息化的重要内容，随后又在 2015 年、2016 年分别颁布了《关于推进建筑信息模型应用的指导意见》《2016—2020 年建筑业信息化发展纲要》。不限于建筑行业，住房和城乡建设部同时在轨道交通行业、制造工业内发布了《城市轨道交通工程 BIM 应用指南》《制造工业工程设计信息模型应用标准》，以加快 BIM 政策与标准落地。

在国家级、地方级 BIM 标准指导建设的同时，部分业内龙头房屋建筑企业也开始了企业级的 BIM 标准研制，一些企业都有自己的 BIM 标准。我国标准体系包含多个层次，国家级标准指导地方级标准、企业级标准。相较于国家级和地方级标准，企业级以及针对具体工程而制定的标准在执行层面更为严格。建筑企业必须在遵守国家级、地方级标准的基础上，必须充分利用政府提供的项目试点并严格执行相关规定，承担起协调项目多方参与者，真实、正面地宣传工程项目建设，做到让民众充分了解并参与建设的重任，从而完成促进整个建筑业信息化发展的使命和任务。

四、BIM 技术相关软件

（一）Revit

Autodesk 公司开发的 Revit 是 BIM 类相关软件的佼佼者，甚至在国内一度有"BIM 就是 Revit"的错误概念，其影响力可见一斑。Revit 软件将 Revit Architecture、Revit MEP 和 Revit Structure 都包含在内，主要为建筑师提供设计工具。Revit 最核心的功能是建模，它的建模方式类似于搭积木，以创建结构模型为例，从地下基础开始，将墙、柱、梁、板构件作为一个个"积木"逐层进行搭建，最后形成一个完整的结构模型。Revit 可以对模型任意面进行剖切，实时显示剖切面图形，更加方便识图，这显示出了 BIM 可视性的优越。同时，Revit 底部留有开放的二次开发接口，可以方便地进行功能扩展，这也是 Revit 的一大优势。

（二）SketchUp

SketchUp 是一套直接面向设计方案创作过程的设计工具，其创作过程不仅能够充分表达设计师的思想，而且完全满足设计师与客户即时交流的需要，它使得设计师可以直接在电脑上进行十分直观的构思，是 3D 建筑设计方案创作的优秀工具。SketchUp 软件凭借自身的便捷性而备受设计师青睐，因为它很方便，即使是新手也可以很快利用它开始工作。SketchUp 于 2006 年被谷歌收购。设计师在谷歌地球上创建 3D 模型的时候可以对这个软件进行直接利用，并可以在三维空间中快速执行不同的创造性操作。

（三）Tekla Structures

2004 年，在一系列升级之后，著名的 Xsteel 软件以 Tekla Structures 的名义发布。Tekla Structures 是一套多功能的 3D 智能建模软件，可以创建一个完整的 3D 模型，其特有的基于模型的建筑系统可以精确地设计和创建出任意尺寸的、复杂的钢结构 3D 模型，并且模型中包含加工制造以及安装时所需的一切信息。Tekla Structures 支持多个用户对同一个模型进行操作。建造大型项目时，利用它可真正做到多人在同一模型中同一时刻协同工作。任何人添加新的杆件和节点，或修改已有杆件，数据文件都会自动更新，保证了所有的协同操作人员都在最新的结构模型中工作。Tekla Structures 还包含一系列的同其他软件连接的数据接口。这些接口可在设计的全过程中有效地向上连接设计以及分析软件，向下连接制造控制系统，从而在规划、设计、加工和安装全过程实现信息共享，避免由信息不畅导致的效率低下和工程风险。

（四）Archi CAD

Archi CAD 是欧洲图软公司开发的一种建筑设计软件。它不但能够为 BIM 技术提供足够的支持，还可以在建筑的整个生命周期中完全使用。该软件的特点主要体现在以下这些方面。

①"轻"。该软件的技术架构非常出色，能够在很大程度上降低硬件标准，因此可以充分利用自己的软件对所有类型的计算机进行相应的设计。

②适应性强。该软件能够充分利用通用的 IFC 标准，从而使 BIM 数据的转换更加方便快捷，减少重复工作的数量，只使用一组模型来完成第一阶段和最后阶段的设计。

③更符合传统的使用习惯。建筑师可以使用传统的设计形式来描绘不同的表达形式，如平面视图、垂直视图、切片视图、面积计算和 3D 模型描述。

④解决方案更多样。Archi CAD 在云端服务器的基础上提供的解决方案是多样的，可以支持网络上的多边合作行动。与此同时，Archi CAD 还为 BIMx 视觉观看提供了一个解决方案，这个解决方案的优势是可以大幅度增强展示效果，还可以将反射效果进行很大的提升。虽然 Archi CAD 表面上没有任何缺陷，但实际上也有一些缺点。例如，它的系统中不存在软件系统 BIM。然而，与 Revit 解决方案相比，Archi CAD 更多样，因此在市场中占有独特的地位。

（五）LubanPDS

LubanPDS 的最大功能就是它能够独立创建企业级项目数据库，对于从不同部门输出的数据都能进行自动式的计算，对工程数据进行自动分析，并将所有工程数据进行比较。另外，LubanPDS 还可以在不同部门之间进行沟通和协作，并为从票务安排到项目审核的所有流程提供支持，然后在管理过程中实现更加精确的目标，从而有效降低浪费。此外，该软件还可以与企业资源计划（Enterprise Resource Planning，ERP）数据交换和交互，这在很大程度上提升了工程数据分析能力和信息处理能力。

（六）广联达

基于工程信息的互操作性，广联达具有多专业和多用户的协作能力，对于国际 BIM 标准是可以完全使用的，能够有效解决各种工程数据的测量任务。它不仅能够详细地显示不同的 3D 模型，还可以展现计算和编辑的功能，甚至可以通过创建 3D 架构模型直接输出各种设计模型。

广联达使用了国际标准的 BIM 软件，并且使用的测量规则符合国家标准。它可以为我们提供各种工程数据。广联达将 BIM 平台作为最主要的中心，所有的操作都围绕着它，以 BIM 模型为媒介，形成了一种结合不同专业的教科书模型。同时，广联达能够识别各种相关信息并执行命令，能够充分地显示出各种信息之间的联系，如质量、预算、蓝图、安全等，以及使用复杂的节点建模、次级扫描、工作条件建模、建筑信息披露、材料增多等。在决策方面为设计人员和生产人员提供更科学的帮助，从而在很大程度上提升项目的效率和质量，并帮助降低工程成本。

（七）斯维尔

目前，斯维尔软件广泛应用于不同国家的建筑行业中，能用于考量施工总承包信息化的一般评价标准，对管理项目整个生命周期的信息化做出一定的处理和相关的调整。斯维尔软件的结构特征主要体现在以下这些方面：系统对扩展没有限制，对用户数量没有限制，对节点数量也没有限制；许多专业项目，如定价、汽车卡德计划等，与项目管理系统紧密相连；任务提醒功能可以更好地为办公室工作人员服务；综合评价、质量控制、接收和计算功能可以确保项目的顺利开展；项目搜索功能可以帮助了解项目的动态，如项目状态统计和请求；拥有完整的安全保障和身份认证系统，以确保数据的安全；使用协调的数据界面来实现公司信息的传播。

五、BIM 技术的发展历程

BIM 思想产生于 1974 年，当时并不叫 BIM，而叫建筑描述系统（Building Description System，BDS）。BDS 是一种存储和管理细节的设计、施工和分析信息的计算机系统。这就是 BIM 的雏形。随着科技的发展，BIM 技术应用到航天、医疗、建筑等多个领域，并衍生出了多种软件来辅助其向更好的方向发展。在工程领域，BIM 技术的含义可以有很多不同的解释，归纳如下：

① Building Information Model，强调的重点是模型，通过模型来展现工程项目的物理和功能信息，可以作为项目的资源数据以及项目全生命周期中的决策依据。

② Building Information Modeling，强调的重点是应用，指的是在一个建筑项目的全生命周期中，通过对项目的创作和运用，项目各方在同一时间内能够通过

不同的技术平台互用相同的信息，能够高效地解决问题。

③BIM强调的重点是管理，是对建筑整个生命周期中的信息进行收集存储、加工处理、传输、检索、调出使用等过程的总称。它是集可视化模型、协同设计、现场施工、竣工交付、运营维护于一体的管理平台。不同相关单位可以在整个项目的管理过程中及时获取所需的信息和数据，及时对出现的问题做出决策，实现BIM技术在建筑行业的应用，提高建筑业管理的效率。

以上三者既相互独立又彼此紧密联系，它们均可以单独作为对BIM技术的解释，也是对BIM技术由浅入深的理解。BIM模型是BIM技术应用与管理的基础，同时它们之间也是相互联动的，BIM技术应用到BIM模型中，并能够为管理者和各方提供一个数据交互的平台，让BIM技术能够更好地在建筑项目中得以应用，达到各方的预期，达到建筑项目数字化的目标。

第三节　BIM技术的特征

一、形象化

形象化是"你看到什么你得到什么"的形式。传统的二维图纸只能显示建设项目的平面信息，但建设项目施工过程中需要的构件都是三维的。设计图纸中部件的三维模型需要具有丰富专业经验和阅读图纸能力的人员来理解。二维图形无法在人们面前直观地显示三维形状，因此通常会导致沟通和协调困难等问题。利用BIM三维可视化的特点，将图纸中的二维平面构造成三维模型，可以将建筑构件直观地呈现在人们面前，工作人员可以清楚地了解建筑的外观、结构和建筑材料，并且可以从不同的角度和方向进行观察，这有助于人员之间根据获得的信息进行更好的沟通、反馈和决策，提高工作效率。

二、参数化

参数化是利用BIM技术建立模型的基础，也是BIM技术建立的三维模型与二维图纸设计的主要区别所在。BIM技术的参数化过程是将建设项目的实际数据信息参数值输入相应的BIM软件中，建立三维模型。该模型不是由简单的数字组成，而是通过分析数据信息参数变量建立的。如果要修改和更新模型，只需更改模型中的参数值即可。因此，BIM的参数化可以使各种专业人员在同一平台上协同工作，优化设计方案，提高工作效率。

三、仿真性

将 BIM 模型数据导入相关性能分析软件就能对模型进行能耗分析、光照分析、设备分析和绿色评估等，而不需要重新输入大量数据。在施工管理过程中可以运用 BIM 软件完成施工方案模拟优化、工程量自动计算和施工模拟等工作。在运维阶段可以运用 BIM 技术的搜索、定位、查找等功能对设备运行状况进行监控，实现设备信息的快速精确查找。

四、联动性

传统的二维图纸设计不具有联动性，设计修改带来很大的工程量。而 BIM 参数化的模型具有联动性，当对模型进行修改时，模型的图纸信息以及工程量都会实时修改，连接到进度计划软件后进度计划也可以同步进行变动。使用 BIM 软件进行成本计算时，通过连接也可以做到实时修改，大大减少了工作量。

五、整合性

整合性是指 BIM 模型可以整合工程的种种信息，包括直观的物理信息，诸如形状、尺寸、颜色、方位等，也包括非物理的各种建筑工程项目信息，诸如时间、质量和成本等。在集成基于 BIM 的各专业图的物理冲突检查中，可以明显地看出 BIM 技术集成性高的特点。从计划的制订到项目的开发、运行和竣工，项目各个阶段都能有效地整合在一起。

六、协调性

建筑业本身就是一个大规模的聚集性劳动行业，参与其中的人员和企业众多，参与人员知识能力水平也良莠不齐。这对项目的管理来说增加了难度，且业主方、设计方和施工方等的目标需求也不同，对设计单位来说，因为建筑涉及的专业有很多，如土建、安装、机电以及市政等，在某一个节点或者相同的位置上设置相关专业节点导致节点碰撞的情况也时有发生，这就更需要项目设计师进行协调配合，进行有效的沟通。BIM 软件在设计阶段整合各个专业设计的模型，然后放在一个数据平台中。在这个数据平台中可以进行可视化模拟以及管线等的碰撞检查，并生成相关的碰撞报告，从而能够及时进行修改和协调，在一定程度上降低了返工的风险、造价成本并加快了施工进度。

七、优化性

基于整个施工项目生命周期的维度进行分析，项目施工的过程是一个动态发展的过程，同时也是一个不断优化的过程。我们可以利用 BIM 技术来做优化。信息、复杂性和时间是影响优化的三个因素。如果在实际工作当中所获得的信息精准性不足，自然也就不会得到科学的方案。综合来看，BIM 模型所收集到的信息资源是相当丰富的，主要包含物理信息资源和规则信息资源等。广大项目参与者本身并没有足够的能力去收集和采集各种信息，这就需要发挥科学技术的支撑性作用，通常来看，现代建筑的复杂性超过了参与者自身的能力，在 BIM 系统的支撑和影响之下，多个项目获得了优化发展的良好机会。BIM 及其优化工具允许其优化现代建筑中超出参与者能力极限的复杂项目。

八、信息共享

BIM 模型中包含的信息能够在建筑工程实施过程中与参与各方共享，即在建筑工程项目实施期间所有参与单位都能够访问数据库，提取所需数据。这样能够保证在建筑工程项目实施过程中各参与单位可以更加便捷、全面地获取建筑工程项目的信息资源，从而实现对工程项目信息的准确把握，并对实际问题进行处理，进而有效提升决策的效率。

九、可传递性

工作过程的可传递性是 BIM 技术最突出的优势和功能。众所周知，BIM 技术应用程序最重要的特征是建立具备时效性、集合性的项目数据，在这一过程中，工作人员自主修改部分内容以后，BIM 平台会直接改正与此有关的剩余部分，并上传到与之相关的图元中。另外值得关注的是，相同建筑模型能被使用到多个环节中，如 BIM 模型能直接被使用到施工模拟、结构研究等部分。上述工序不只减轻了工作人员的压力，还可以在一定程度上提升程序设计部分的综合效率。

十、信息完备性

BIM 是一种共享知识资源的数字化表达模型，这也决定了 BIM 从初始就具备了项目的全部数据信息，即体现了完备性。创建模型的过程也是信息完备性的体现。在建立模型的过程中，很多阶段都可以紧密地衔接起来（如策划、设计、施工以及后期维护运营等）。这些阶段利用 BIM 技术的数据整合功能将数据信息集中到一起，方便后期的数据分享、仿真模拟、优化分析、碰撞检查等操作。

第四节　BIM 技术的应用模式

一、全过程参与模式

全过程参与模式从由设计伊始即方案设计阶段便引入 BIM 技术，以三维设计信息模型为出发点和设计源，完成从方案设计到施工图设计的全过程任务。借助 BIM 技术的三维可视化、专业协同化以及"模型—工程数据—图纸"三位一体化的特性完成设计方案的比选。通过碰撞检测、结构计算、优化分析等数据模块完成设计方案的优化。以深化设计信息模型的模式完成施工图的深化设计。该模式下的设计成果是 BIM 工程数字信息模型，可将工程图纸及工程数据转换为三维模型交付给业主，能增加业主方对设计的认可度，减轻业主方后期应用 BIM 技术的管理负担。设计后期面临方案比选、设计深化及设计变更等工作时，以修改模型的方式代替图纸、造价的修改，工作效率大幅度提升。该模式的缺点是对设计人员的 BIM 技术水平要求较高，建立工程三维信息模型的工作量较大，从而导致设计初期设计成果的出产效率低。

二、后期追加模式

后期追加模式是由设计方在施工图设计阶段需进行深化设计及优化分析时依不同专业、不同目标进行 BIM 技术的应用，一般有绿色节能分析、碰撞检测、阳光日照分析、耗能分析等。此类应用模式下的 BIM 设计成果是分专业且相互孤立的。其优点在于对设计人员的技术水平要求较低，依托于传统设计模式设计初期成果出产率高。其缺点是工作量增加、效率降低。由于 BIM 技术为设计后期介入，若完成设计目标需对已完成工作进行复工，就会产生重复性工作，并且各专业是相互孤立的，也会导致重复性建模的产生。

第二章　BIM 技术应用现状

随着国家信息化进程的加快，BIM 技术作为建筑业信息时代的创新技术，除了能够优化资源配置、提升建筑生产效率，还能保证建筑质量、节约建设成本，有助于建筑业实现升级转型。但是，虽然有政府政策、行业规范的大力支持，BIM 技术在中国的应用程度却不如预期。如何促进 BIM 技术扩散，已成为国家政府和相关学术领域的研究重点。本章分国外 BIM 技术应用现状和国内 BIM 技术应用现状两个部分来介绍。

第一节　国外 BIM 技术应用现状

一、BIM 技术在美国的应用现状

美国建筑行业作为其传统核心行业，行业产值常年占美国国内生产总值的5%以上。美国联邦统计局数据显示，2017 年美国建筑行业全职注册在岗人数逾 700万，占全国非农业就业人数的 4.9%。其强大的工业实力并不是一蹴而就的。

20 世纪 70 年代，美国建筑业面临着从业人员老龄化、员工新技能接收水平差、产业链碎片化且合同操作性差等一系列问题。这些问题导致建筑业在 1974—2004 年期间生产效率的不增反降，而其他劳动密集型产业，如生产制造业、加工业则通过不断的技术革新和设备升级，生产效率在同期飞速提高。美国建筑软件巨头敏锐地察觉到了这个信息，在积极研发以数字化建筑模式为核心的新一代产品的同时，进行大量市场调研，不断向合作政府机构阐述 BIM 的优势以及继续取缔 CAD 产品，完成行业变革的必要性。美国总务管理局（U. S. General Services Administration，GSA）作为美国政府地产开发和物业管理的风向标，率先响应了软件公司的提议。在政府建设工程中，BIM 技术已成为最基本的技术要求，且一定程度上完成了对 CAD 建设模式的淘汰，正因如此，美国总务管理局被视为美国 BIM 推广和应用的先驱。美国总务管理局以建设方和政府单位的背

景推动的 BIM 发展战略体现了对该技术在商业领域和社会层面的深度理解，其经验启发了其他一些建设方。

除了政策上的扶持，美国总务管理局还牵头联合高校学术界（如哥伦比亚大学以及杜克大学）和软件头部企业，以科学的角度探索 BIM 于长期和短期的商业发展模式，以可视化模拟和空间碰撞检测等技术优势为突破口建立示范案例，在积累应用经验的同时提高市场信心。建设一线通过区域网络会议和生产报告积极反馈工程经验和 BIM 技术应用优缺点，形成一种良性循环。在美国总务管理局的一系列操作下，BIM 模式的推广、研发和应用呈现一种螺旋上升的趋势。

在 BIM 技术的初步推广取得良好进展后，美国国家建筑科学研究院（National Building Information Model Standard，NBIMS）于 2007 年通过旗下智囊"智慧建造联盟"发布了美国第一部正式的国际标准化组织（ISO）核心标准和行业应用指导方针，标志着 BIM 的市场推广获得了国家层面的标准支持。随之而来的就是制定 BIM 行业指南和项目交付合约规范，以实用性、高效性、收益性和高透明度为特征的规范服务于设计、施工、监理、造价咨询、业主单位等不同主体，构建了一个成熟的 BIM 应用市场体系。这为 BIM 跨领域推广起到了至关重要的作用，美国退伍军人事业部和美国总承包商联盟纷纷出台了自己的 BIM 应用指南，使 BIM 模式的主战场不再局限于基础设施建设和房地产开发，在军用工事和大型商业集群项目中 BIM 也逐渐成为建设主力。例如，图像轻量化、3D 激光扫描、智能模型平滑等 BIM 技术在隧道施工项目中的应用，能大大降低新型作业模式下重大安全风险发生的可能性，有效解决关键进度节点及跨专业协调交互等重点难题。BIM 在美国的发展势头如此迅猛，不得不提到美国建筑业的另一股力量——建筑学会。美国建筑学会联合建筑科学研究院和美国总务管理局协办的 BIM Forum 不仅定期举办学术讲座、职业培训，更专门为优秀的 BIM 项目成立 BIM 实践技术年度创新奖项，大量优秀学者，如美国工业工程分析师杰里·莱瑟林（Jerry Laiserin）教授通过长期观察 BIM 市场的智慧市场报告，针对不同区域 BIM 技术的推广状态和使用情况提供推广应用建议，最大程度上对 BIM 技术扬长避短。在 2012 年的一份智慧市场报告中显示，北美建筑业 BIM 模式采用率从 2007 年开始五年内增长了 150%，超过 60% 的企业和机构表明在 65% 以上的项目使用 BIM 模式作为建设生产模式。至此，美国的 BIM 技术在建筑市场已占据巨大规模，根据 *Building Design* 期刊 2017 年的统计，在拥有 BIM 项目的建设单位前 300 强中，排名前 150 位的建筑设计单位 2016 年的 BIM 收入合计达到 60 亿美元，其中前 60 位就能贡献 32 亿美元，施工单位和设计方 2016 年累计可为 2016 年美国建筑产业贡献超过 820 亿美元的年产值，标志着美国建筑业转型升级的初步完成。

二、BIM 技术在新加坡的应用现状

新加坡是亚洲最早应用 BIM 进行建筑法规审查、设计审核的国家。从 2013 年开始，新加坡政府相继发布了 BIM 基本指南，将 BIM 应用于各专业的流程描述详尽。在 BIM 配套政策发布的同时还建立了对应的电子送审配套平台。新加坡建筑局（Building and Construction Authority，BCA）于 2001 年推出 e-Submission 线上送审平台，使建筑、土木人员线上缴交与项目相关的计划文件，而且逐年提高强制送审的比例。根据 2013—2015 年实施 BIM e-Submission 的经验，BCA 将各监管机构的要求整合为建筑师、结构工程师等各专业人员的工作守则。这是新加坡建筑业一个重要的 BIM 标准化工作。BIM 技术在新加坡的推广，政府的规划引导起到了举足轻重的作用。BCA 在 2008 年引领众多机构实现世界上首个 BIM 电子提交。到 2016 年，新加坡所有新建建筑都需要采用电子提交。2015 年发布的《新加坡 BIM 指南》第二版，对项目成员在项目不同阶段使用 BIM 的角色和职责进行了概述。BCA 还成立了诸多基金会，高达数亿美元的基金用于资助和鼓励 BIM 行业的发展和创新。BCA 认识到公共部门是变革的催化剂，因此采取了与政府实体建立伙伴关系、培训公共部门顾问、与业界携手共同努力的三个关键方法来将公共部门纳入 BIM 发展战略中。2017 年 BCA 为扩大建筑行业数字化，提出了综合数字交付（Integrated Digital Delivery，IDD）计划。基于 BIM、VDC 和其他合适的数字解决方案，从设计制造施工到资产交付与管理的整个项目阶段，实现及时、经济、高效和高质量的项目交付。在 2015—2020 年，新加坡在各行业逐步建立的 BIM 合作意愿呈明显的上升趋势。

三、BIM 技术在英国的应用现状

英国作为 BIM 技术列入政府建筑发展战略的国家，主要采用政府强制性激励机制来推广 BIM 技术，即强制推广标准化规范。自 2007 年以来，英国发布了多部 BIM 技术标准化规范，应用 3D BIM 建模，实现了全部文件的信息化管理。2011 年发布的一篇报告中提出，希望将 BIM 技术作为英国之后建筑发展的战略重点，并要求英国国内所有公共建筑物在 2016 年达到 BIM Level-2 的标准水平。在 2019 年 10 月，英国 BIM 联盟、英国数字建筑中心和英国标准协会（British Standards Institution，BSI）共同启动了英国 BIM 框架。英国整体框架性、宏观性标准由 BSI

编写。目前，BSI 也正在努力把英国 BIM 标准针对适配全球普遍情况升格为 ISO 标准，以加大在全球推广英国 BIM 标准的力度。2018 年年底，原先的 BS 1192：2007 与 PAS 1192-2：2013 分别升级为国际标准 BS EN ISO 19650-1：2018 与 BS EN ISO 19650-2：2018，并于 2020 年将原先的 PAS 1192-3：2014 与 PAS 1192-5：2015 分别升级为国际标准 BS EN ISO 19650-3：2020 与 BS EN ISO 19650-5：2020。

英国 BIM 标准是全球建设领域中被引用、借鉴最为广泛的标准，且有 BSI 标准做配套支持。尤其在"一带一路"沿线很多国家，都直接引用英国 1192 系列或 ISO19650 系列的标准作为项目标准。

四、BIM 技术在北欧的应用现状

北欧属于全球 BIM 应用第一梯队，但北欧没有国家性质的 BIM 政策。截至 2020 年，瑞典在施项目的 95% 都拥有 BIM 模型，行业自发应用 BIM 进行三维设计。IFC 在北欧的应用率和支持率为全球最高，北欧的 BIM 标准主要依靠 BIM Alliance Sweden 发布。现阶段北欧的 BIM 应用已无强力政策牵引，以企业自发应用为主，BIM 联盟承担着推广和优化的责任。联盟由 Building Smart、Open BIM、Facility Management Information 共同组成。联盟推动数字化转型主要涵盖工具和方法沉淀、数字化项目实践、专业应用培训三个方面。

工具和方法沉淀。联盟统一了 BIM 相关概念和标准并推出三个沉淀方法。分别是 BIP 标准名称体系，用于建设方、设计方、施工方、供应商在模型中通过同一套命名编码规则对构件产品命名；BIM 应用能力评估，是一系列测评工具，帮助企业对自己有更清晰的认知，方便日后对症下药；BIM 对合同法律的影响评估，将 BIM 应用对传统合同的挑战进行梳理，帮助 BIM 在应用中实现价值，减少阻力。

数字化项目实践。联盟发起行业内的创新竞赛。

专业应用培训。北欧高校中没有统一的 BIM 知识学习认证体系，因此联盟与高校合作，向行业提供大学课程级别的教学引导。标准的国际化成为当前阶段北欧国家的重点发展方向。芬兰 2030 年 BIM 标准化计划路线图中，提出要不断将模型数据与 IOT（物联网）技术进行融合，让数据成为可读取、可使用的数据资产，用数字驱动改变行业内的利益分配和价值链，形成新模式。

五、BIM 技术在韩国的应用现状

BIM 在韩国也格外受到重视，由韩国多个政府部门联合制定了 BIM 的使用指南及未来 BIM 的发展规划。韩国公共事业服务中心制定了 BIM 技术的使用规划：于 2010 年前，在 1～2 个大型公共建筑工程中使用 BIM 技术；在 2012 年后，使用 BIM 技术的建筑数量翻倍。2012 年，韩国汉阳大学在韩国国家基金会的支持下，进行了基于 BIM 技术项目集合的研究。2013 年，韩国中央大学、庆熙大学进行了联合研究，其研究出的现实增强（AR）技术，大大增强了建筑物数据信息的收集效率及准确性。2013 年，韩国教育科学技术委员会（MEST）委托韩国中央大学进行基于 BIM 技术的施工管理研究，并成功在 BIM 技术的基础上新增了遥感技术。2016 年前，全部公共工程应用 BIM 技术。目前，韩国主要的建筑公司已经都在积极采用 BIM 技术，如现代建设、三星建设、空间综合建筑事务所、大宇建设、GS 建设、大林（Daelim）建设等公司。其中，Daelim 建设公司将 BIM 技术应用到桥梁的施工管理中，BMIS 公司利用 BIM 软件 Digital Project 对建筑设计阶段以及施工阶段的一体化进行研究和实施等。

除上述国家外，德国、法国等欧洲发达国家，虽然政府未作强制性要求推动 BIM 技术的使用，但由于这些国家建筑业发展相对完善，且相关软件开发实力雄厚，BIM 技术在此类国家中也有着较高的使用率，特别是德国，其国内装配式建筑发展迅猛，加上本土软件开发公司的推动，BIM 技术在德国的应用率接近 50%，并且 BIM 软件及平台多数由其本土开发。在 BIM 软件开发方面，由匈牙利公司 Graphi Soft 开发研制的 Archi CAD 软件，是当今世界上最为成熟、全面的建筑三维软件之一。可以看出，BIM 技术自 20 世纪提出以来，在世界主要发达国家均保持着较好的发展势头，各个国家为保证 BIM 技术的可持续发展及深入研究，相继推出一系列标准及研究计划，且随着 BIM 技术的成熟，越来越多的国家将 BIM 技术运用于实际工程中，在世界各地的标志性建筑物中均可以看见 BIM 技术的身影。

第二节　国内 BIM 技术应用现状

一、BIM 技术在我国的总体应用现状

BIM 技术的应用在我国起步较晚，在建筑工程建设领域，尤其是在建筑设计阶段更为滞后，但近些年，我国从国家层面开始了对 BIM 技术的应用，发展十分迅速，具有良好的未来前景。2012 年成立了中国 BIM 发展联盟，旨在发展我国的 BIM 技术、建立配套标准、推动我国 BIM 类软件的开发与研究，将现有的学术概念成果在实际工程中具体化，加快 BIM 技术在我国建筑领域的应用率，

提高我国建筑业的竞争力与科学化。在"十二五"期间，BIM 技术被列为国家科技支撑计划，由住房和城乡建设部牵头，开展"BIM 技术服务建设工程设计的平台化、标准化"的课题研究。2015 年，中国工程建设标准化协会工程管理专业委员会发布了《绿色建筑设计评价 P-BIM 软件技术与信息交换标准（征求意见稿）》，标志着我国 BIM 发展开始标准化、信息化。

在政府相关部门的主导下，我国正大力推广 BIM 及其相关技术，但由于 BIM 在我国起步较晚，加之我国建设工程领域自引入 CAD 模式以来，已经发展了几十年，CAD 模式在我国已经相当成熟，很多思维已经成为定式，BIM 概念在我国无论是标准化还是使用率，都无法与先发研究国家相比。另外，虽然国家给予 BIM 技术很好的发展环境，各个高校对 BIM 概念的研究也顺利开展，但在工程领域，我国建筑业还有很多技术手段没有跟上发展步伐，国内建筑开发使用建筑信息化进行设计、管理的观念尚未形成，BIM 技术在实际工程领域中的使用率和覆盖率还有很大的发展空间。目前，虽然很多建筑开发企业打着 BIM 技术的名号，但实际使用的范围并不宽广，很多项目仅仅局限于 BIM 翻模这一阶段，对 BIM 技术的可视化特点加以应用，却忽略了该技术的信息化、协同化。另外，国内尚缺乏相应的标准及规范，也缺少相关的法律条文来保护 BIM 技术的推广，国内对于 BIM 这项新技术的接受度有待提高，且行业内尚未形成统一的技术思维和协同模式。目前，BIM 技术主要使用于：建筑三维结构可视化、多专业的管线模拟碰撞、建筑施工模拟以及施工进场设计和单独节点的深化设计。另外，国内关于 BIM 的软件也存在短缺，国外各大 BIM 软件的本土化也较为缺乏，当前大部分软件都是由国外开发，各个国家的规范标准的不尽相同，不同软件载体之间的数据不能通用，且缺乏插件来导入、导出建筑信息模型数据与其他设计软件进行信息互换，这给 BIM 技术发展带来了阻碍，也给其在我国建筑科学领域的推广带来了不小的挑战。我国一些本土公司（如广联达、天正、斯维尔等）都开发了一系列 BIM 配套软件、插件，为我国 BIM 的发展提供了技术支撑，为国内建筑行业 BIM 的推广提供了有力支持。国内的各大设计公司也在努力开发 BIM 软件，不断创新、紧跟国际发展步伐，是国内 BIM 科学研究的坚实后盾。目前国内很多大型国有施工企业尝试使用 BIM 对施工进度、施工方案进行优化，通过 BIM 来合理安排工期，且企业内部进行项目管理体系的改革，以适应新到来的建筑信息化技术更新。各大国企开展 BIM 研究，培养 BIM 人才，组建团队，与国内高校合作，为 BIM 的发展起到带头作用。清华大学、中国建筑设计研究院等都有自己的 BIM 研究中心，在安徽省内，中铁四局、安徽建工等大型国企都在努力推动 BIM 技术的发展，组建自己的 BIM 团队，培养 BIM 人才。BIM 技术在上海中心大厦、武汉中心大厦等大型公共建筑项目中取得了很好的经济效益，为国内 BIM 技术的发展和在实际工程领域中的应用起到很好的示范作用。在高速发展的中国，未来 BIM 技术将会为建筑业从思维、概念到技术带来全方位革新。

在中国，BIM 的研究与应用处于快速发展阶段，全国各省区市应用状况不一，上海市的 BIM 应用位于前列。上海市自 2017 年起每年发布《BIM 技术应用的发展报告》，2020 年 8 月 10 日，2020 版发布，报告显示 2019 年规模以上建设项目 BIM 技术应用率达到 94%，达 683 个，较往年呈现持续增长的态势。其中房屋建设项目占比为 87%，达 593 个，其投资总额 8654 亿元，建筑面积达 5455 万平方米。在设计、施工阶段应用 BIM 技术的项目占比高达 100%，已实现项目全覆盖。与往年相比，施工阶段应用 BIM 技术的项目占比进一步提升，BIM 技术应用已推进至建设项目的全生命周期。设计阶段 BIM 应用以各专业模型创建、性能分析、碰撞检测、管线综合以及净高分析为主，施工阶段以施工深化设计、施工方案模拟、进度可视化管理以及竣工模型构建应用为主，运维阶段以运维模型构建、运维管理系统搭建、设施设备管理以及能耗管理应用为主。

2018—2020 年进入了 BIM 技术应用的深化研究阶段，信息化的普及使 BIM 技术在工程中的应用得到不断拓展和加深，应用范围拓展到了建设项目的全生命周期。各阶段、各参与方、各专业间的信息共享、装配式，实现了协同创新和可持续发展。同时建立了 BIM 数据管理平台，优化了建筑方案，有效监管了施工项目，实现了建设项目全生命期的可预测和可控制目标。BIM 技术的推广不仅使施工和管理形成一体化体系，也促进了生产方式的变革，使应用领域从传统建筑业拓展到轨道交通等城市建设领域，BIM 技术连接项目全生命周期各阶段的数据、过程和资源，使各行业产业链贯通，降低成本的同时提高了工作效率和建筑质量，为工业发展提供了技术支持。首先，BIM 应用于多类别建筑产品，2018 年，《交通运输部办公厅关于推进公路水运工程 BIM 技术应用的指导意见》和《城市轨道交通工程 BIM 应用指南》先后引发，BIM 的应用场景从房建向公路、水运以及轨道交通扩展。其次，BIM 体系的持续完善，在 2017—2019 年，先后出台并实施了关于 BIM 的国家级标准 5 部，为 BIM 在国内的持续健康发展打下坚实的基础。最后，从空间分布来看，全国性 BIM 产业规模快速提升。截至 2020 年底，各地 BIM 发展差异在持续缩小，并呈现出区域协同发展的模式。这意味着大多数地区已认识到 BIM 的重要性，在社会生产力和政策的双重推动下，持续促进建筑业的信息化转型。

2020 年 7 月，住房和城乡建设部等部门印发《关于推动智能建造与建筑工业化协同发展的指导意见》。2020 年 8 月，住房和城乡建设部等部门印发《关于加快新型建筑工业化发展的若干意见》。在短时间内如此高频的政策颁布意味着以 BIM 为代表的建筑业信息技术正在走向快车道。此外，2021 年国家正式进入"十四五"规划发展期，打造数字强国、网络强国是"十四五"规划的主要发展目标，以 BIM 为代表的建筑行业信息化技术必将搭乘我国数字化发展的快车进入高速发展期。2021 年后是 BIM 技术应用的快速发展期。

二、BIM 技术在国内各行业的应用现状

（一）BIM 技术在安全管理中的应用现状

BIM 技术与安全管理的有效结合，主要基于 BIM 技术的支持、构建合适的建筑模型、提高各类项目信息的共享效率、有效协调好内部各个单元之间的关系、更清晰直观地反映项目推进过程中的具体施工进度以及其他方面信息的实时变化，从而在最大程度上降低项目在施工过程中发生安全风险的概率。随着 BIM 技术的快速发展，国外有关专家学者已经对 BIM 技术在施工现场的安全监管应用方面做了深入的研究和探索。现阶段国内基于 BIM 技术安全管理的相关研究成果主要集中在核心建模软件与 BIM 技术的支撑下，对整个施工场地加以科学合理的规划，构建适应项目的三维或四维模型及施工方案预演动画等，对具体施工情况加以准确模拟，充分发挥现代科学技术的积极作用，加强对施工过程的监管，由此得出影响施工安全的具体因素，并针对施工过程中可能出现的安全风险加以及时预测。

（二）BIM 技术在建筑工程中的应用现状

建筑工程项目的基本设计理念对建筑全生命周期中的各个阶段都具有重要意义。目前，BIM 在建筑工程中的应用主要包括设计制图、可视化展示、协同设计、功能模拟分析、管线综合、进度模拟、建筑运维以及灾害应急模拟等方面。对一般项目而言，BIM 技术在建筑设计中的应用指的是在工程设计阶段中的应用。在建筑设计中，设计企业在使用 BIM 技术进行建模、碰撞检测、模型深化的同时，可对模型进行资源消耗、日照、风环境模拟，建造成本分析等，从而达到使建筑设计方案更符合实际应用效果的目的。在设计阶段中建筑构件的基本功能属性创建以及相关形状设计完成后，需要对建筑模型进行深化设计。在深化设计工作中，

全专业协同设计是其核心环节。传统的建筑设计中，各专业人员之间的团队联调工作往往是一个极为耗时耗力的任务。BIM 软件提供的协同设计可以使项目中不同专业的设计人员在同一操作环境下准确且及时地对模型进行修改，共同完成设计项目。在 Revit 软件中提供了强大的工作集和链接模型协作设计功能，通过强化协同工作，加快了建设进度并提高了工程质量。在建筑全生命周期的施工阶段中，应用 BIM 的主要群体由设计企业转为施工单位。BIM 技术在施工阶段的主要应用有深化设计与数字化加工、模拟施工、协同设计、碰撞检查以及施工过程中进度、成本控制等方面。在虚拟施工过程中，利用 BIM 软件完成施工管理中的进度管理与施工模拟，使得工地的工程人员对于当前的工程进度以及当前进展有着更为准确的把握，可以有效避免因工期延误等问题带来的经济损失，通过在计算机仿真模拟的环境中对建筑工程项目中的施工全过程进行模拟，及时发现施工中可能存在的问题和风险，并针对提前发现的问题制订新的设计与施工方案，进而利用规避风险后的方案来指导实际施工项目，保证项目施工的顺利进行。相比较设计、施工阶段，建筑项目的运维管理往往要在更久的周期内保持健康度，BIM 技术的可视化与其优秀的数据储存管理能力使BIM 技术在项目运维管理阶段有着先天的优势。在运维管理应用中，可以通过BIM 模型建立建筑物中重要设备的档案资料库，工作人员在日常工作中对资料库进行更新，及时上报问题设备，方便运维人员清晰地了解运维中存在的故障及设备设施信息。BIM 技术将图纸中的图形符号转换成直观的三维图形并携带相关信息，方便使用人员在模型迅速定位设施设备的位置，避免了在浩如烟海的图纸中寻找设施设备。由 BIM 技术在建筑行业的应用现状可知，BIM 技术的广泛应用对于实现建筑行业的顺利转型、提高建筑行业的科技创新发展能力、促进建筑业迈向现代化有着巨大的潜力及价值。以下是建筑行业业主方、设计方、施工方对 BIM 的应用现状。

1. 业主方

随着有关推广 BIM 技术应用文件的颁布，国内各大知名房地产公司开始尝试应用 BIM 技术，作为业主方，拟借助这项技术分析待建项目筹划阶段的经济价值，通过 BIM 技术的应用分析并择优选择项目方案，达到节约项目成本、减轻资金压力的目的。当前业主方对工程项目的管理主要是依靠内部 BIM 实验室以及优化公司。为适应建筑行业新发展，加大对 BIM 人才的培养，政府承建的工程项目可能要求使用 BIM 技术。

2. 设计方

现阶段，国内的建筑设计院主要利用 CAD、PKPM 等软件对工程项目进行结构设计及出图，待结构设计完成之后才利用 BIM 相关软件对工程项目进行建模。设计院利用 BIM 技术可视化的特点，为设计外形独特的建筑提供便利，BIM 相关软件绘制的模型在三维空间中直观地表现建筑项目的特点和功能，为设计院的竞标带来天然的优势。业主方根据三维模型呈现的效果是否满足预期，选出最佳投标方案。设计院对 BIM 技术的应用主要发生在建筑项目初期，目的是确定建筑的外观，以便开展建筑项目结构的设计，不断改进结构设计方案，确保工程的安全质量。国内的各大设计院应摒弃过时的设计思想，放眼建筑行业的未来，不断增强自身核心竞争实力。从现阶段 BIM 技术的发展情况看来，若设计院在将来的设计中不具备应用 BIM 技术的能力，依然是依靠 CAD 出图的发展模式，可能很难再获得设计大型项目的竞标资格，随着时间的推移，只会被外国实力强劲的设计院远远抛在身后。

3. 施工方

近几年，BIM 相关政策的主要应用对象为施工单位，因此国内的施工企业对 BIM 技术的接受程度明显更高。与设计院不同，施工单位更加青睐应用 BIM 技术，因为国内施工企业的信息化管理水平和方式相对落后，各施工单位之间竞争形势严峻，施工企业能够从工程项目施工管理中获得的利润较低，这种情况迫使施工单位不得不改变传统工程项目管理的模式，学习国外先进的管理理念，扭转传统管理思想，实现工程项目施工管理水平的突破，但国内各大施工单位的 BIM 技术发展水平不一致，一部分施工单位已尝试创建自己的 BIM 科研队伍，推动 BIM 技术在工程中的应用，另一部分施工单位尚处于构建模型、进行施工动态模拟的阶段，但也有不少施工单位开始尝试对 BIM 技术的全面应用，通过对工程项目施工过程实行网络化管理，实现工程项目在管理方面的新突破。

4. 咨询机构

通常使用 BIM 技术的咨询机构有两种，一是 BIM 咨询公司，二是造价咨询公司。前一机构不言而喻，因为它们的主要业务即为 BIM 咨询。在后一个机构中，也有越来越多的人愿意使用 BIM 技术，因为其具有直观的特点，而对于造价咨询公司而言，即使 BIM 工具尚有诸多不足，但依旧可以提高工作效率，并及时改进存在的问题。BIM 的应用模式多样，常见的有设计—建造（DB）模式、设计—招标—建造（DBB）模式和设计—采购—施工（Engineering Procurement Construction,

EPC）模式。就长远发展来看，集成项目交付（IPD）模式也就是集成产品开发模式具有广泛前景。IPD 模式的特点是在施工流程进行前由业主召集设计单位、施工企业、材料供应商、工程监理等各方协同设计出一整套 BIM 模型，该模型就是竣工模型，即所看到的最终模型方案，最终生成出来的产品就是先前设计好的 BIM 模型的外观。

（三）BIM 技术在既有工业建筑改造中的应用现状

随着 BIM 技术研究和实践应用的不断发展，其在既有工业建筑改造中的应用也逐渐增多。BIM 技术的应用解决了既有工业建筑改造中用传统的 CAD 设计制图时常发生的新旧建筑间和各专业间冲突和频繁返工的问题，不仅可以将改造前的原始现状信息创建成模型，而且可以将改造设计和施工阶段的所有模型和数据信息形成竣工 BIM 模型，并可接入运维管理平台，完成全生命周期的应用，为后期可能的改造提供依据。既有工业建筑改造中 BIM 技术应用主要有：既有工业建筑现状调查（包括周边环境和各种资源条件），并建立既有建筑 BIM 模型；建立目标建筑与结构方案模型（包括主要工艺方案模型）；原有建筑和结构的改造方案模型模拟与评估比较等（包括导入结构软件计算）；各专业模型建立、协同设计、碰撞检测、修改调整；各专业将施工图 e 模型导入施工阶段，可导入计价软件，可进行 4D 施工模拟、时空碰撞检查等，可对构件进行拆分和编码等，并最终形成竣工 BIM 模型；f 模型接入运维管理平台，进入运维管理阶段。目前，既有工业建筑改造中的 BIM 技术应用方兴未艾。2010 年上海世博会园区内的宝钢大舞台由原上钢三厂的特钢车间改造而成，在其改造过程中应用了 BIM 三维建模和性能分析等技术，标志着我国工业遗产改造中运用 BIM 技术进入新阶段。此后 BIM 在既有工业建筑改造中的研究和应用逐渐展开。BIM 技术结合 3D 激光扫描、倾斜摄影、3D GIS（地理信息系统）、3D 打印等技术，可为既有工业建筑改造提供更高效、更经济的解决方案。国内对 3D 激光扫描技术和倾斜摄影技术的研究和应用正处于发展阶段。与这两种技术相关的设备、软件的发展也日趋成熟，为既有工业建筑的现状调查和实景建模乃至 BIM 技术在改造中的全流程应用提供了有力的辅助工具。

（四）BIM 技术在市政工程中的应用现状

BIM 这项工程技术的主要应用领域是土木工程行业，是为适应行业发展过程中的需求而产生的。土木工程的范围很广，囊括了很多细分领域。BIM 在其中的各个细分领域都有一定的应用，特别是在地面建筑工程上，BIM 被应用得最为广泛。BIM 技术在刚开始只是被应用于一些小型建筑当中，现在随着人们经验的不断积累，其已经逐渐在一些大型建筑项目当中使用。不过比起一些发达国家的话，我国 BIM 技术的发展还不够前沿，有很多需要提高的地方，甚至在市政工程方向的一些研究和应用，还只是刚刚处于入门阶段，这和缺乏足够的学习资料也有关系。现在随着城镇化程度的不断提高、进程的不断加快，市政规划更加合理，不仅在覆盖范围上向着广度发展，表现在市政工程的数量越来越多，在建造技术上也不断向着纵深方向发展，表现在施工技术在攻坚克难的基础上，越来越向着高精尖方向延伸。BIM 技术也逐渐被市政工程人员熟知，如一些地下通道或者排水管道等一些很复杂的城市基础设施，不管是在前期的绘图阶段，还是在开始施工以后的一段时期，都很容易因受到一些外界因素的影响而导致工期拖延或者一些其他情况出现。如果使用传统图纸的方法来进行建设的话，那么在这个过程中，图纸会被不断地重复修改，造成相关人员的大量时间和精力的浪费以及工程进度的推延。

在 BIM 技术被应用之后，以上整个过程被大大精简，工作效率得到了长足的提高。目前已经有一定数量的市政工程在建设过程中使用了 BIM 技术，并且表现相当良好。例如，上海市城市建设设计研究总院花费了大量的精力来钻研 BIM 技术，并且还结合一些相关的 3D 打印技术生产出了一定的三维实体样本。该单位所生产出来的样本主要是嘉沪高速公路部分，按照 1 ∶ 200 的比例为其创造了 BIM 模型，在进行 3D 打印的时候所使用的是 ABS（丙烯腈 – 苯乙烯 – 丁二烯共聚物）材料，并且在打印过程中还使用了快速成型容积技术。在其整个大的模型当中包含了很多小的部分，有 SMW（Soil Mixing Wall，新型水泥土搅拌桩墙）工法桩、MJS（Metro Jet System，全方位高压喷射）工法桩等。在 3D 打印的整个过程中，因为 BIM 技术所存在的一些优点而使打印效率得到提高。BIM 技术在多个领域都有着一定的应用，设计师所设计的模型在打印的过程中被完整地还原出来，从而实现了多专业的整合以及立体化。研究与发展 BIM 技术，使其在项目的整个生命周期中都得到应用，具备很强烈的现实意义。

（五）BIM 技术在轨道交通工程中的应用现状

鉴于城市轨道交通自身的特点，在城市轨道交通中运用 BIM 技术可以显著提高设计、建设、运营效率，所以在轨道交通这个领域内对 BIM 技术产生了巨大的需求，各个相关单位都希望利用 BIM 技术来提高本单位的竞争力和工作效率。

1. 在设计中的应用

目前来看，BIM 技术主要在设计阶段被人们所使用，而在设计过程中，大多数设计师都是通过构建数字管线的方式来作为切入点的。BIM 技术在这一方面的发展目前来说最为成熟，而在其他方面的发展仍然有待提高，如场地现状、仿真模拟、可视化漫游或者工程量复核等。在北京的新机场线项目当中，招标的时候就已经把 BIM 技术纳入了招标范围之内：BIM 协同工作平台搭建与维护；技术培训及技术支持；基于 BIM-GIS 数据库建设研究与开发；软硬件购置；基于 BIM 的建设管理应用研究；土建、设备竣工 BIM 模型交付标准研究等。在上海，2012 年初开始在地铁 12 号线、13 号线等城市轨道交通项目中应用 BIM 技术。在上海市政府的大力支持下，上海申通地铁集团联合专业从事 BIM 技术应用的高校、研究院所及 BIM 咨询机构发起并成立了上海城市轨道交通 BIM 技术创新联盟，以推广 BIM 技术在上海城市轨道交通领域的广泛使用，深入开展上海城市轨道交通 BIM 技术的创新研究；在广州，2014 年某地铁集团公司启动了 BIM 技术应用的相关工作。地铁 21 号线钟岗站、13 号线官湖车辆段、广州线网指挥中心等项目已开始使用 BIM 技术。BIM 应用涉及线路、限界、车站结构、区间结构、设备系统、战场、车辆段工艺等多个专业。

2. 在施工中的应用

BIM 技术因为其本身的一些特征，在设计阶段很容易被人们研究和应用，但是在施工阶段的发展情况仍然有待人们进一步探究。目前可以探究的方向包括施工筹划、三维激光、施工放样等。在广州，2014 年 4 月，某地铁集团公司启动了在机电工程项目管理过程中引入 BIM 技术功能应用点的研究。由该地铁集团公司牵头，与地铁监理公司、清华大学联合开发"机电工程信息模型管理系统"，作为广州地铁机电工程项目管理过程中所有参建单位共同使用的信息化管理工具。2015—2017 年，在广州地铁项目当中，对 BIM 技术的推广进行了规划，实现以"派工单"为核心，以模型为载体的设计、建设阶段信息的全记录。在项目建设的过程当中，努力达到规范化、标准化、精细化、信息化的项目管理要求。

（六）BIM 技术在公路行业中的应用现状

BIM 不仅是一种技术、工具和方法，更是一种管理理念。BIM 技术是贯穿在项目全生命周期内，可以将全生命周期各个阶段产生和收集的信息进行整合、传递和共享的一个过程，即实现信息构建、传递和应用的一种技术。BIM 应用在公路行业中，就是可以将公路及沿线设施的地理信息、几何线形、功能状态等实现三维可视化呈现。项目在勘测、设计、施工、运营和养护的每个阶段都可以建立各自的信息模型，并且不同参与者都可以在模型中进行数据添加、补充、提取、修改和更新，从而达到数据共享、协同作业的效果。

BIM 技术在国内建筑行业应用较多，在公路行业的应用目前主要集中在设计和施工阶段，且效果较好。BIM 在公路养护管理中的应用仍处于试点和应用推广阶段。北京、上海、浙江、江苏等地区先后对一些重点的养护工程项目开展了 BIM 技术示范性应用，但总体上缺少对基于 BIM 技术公路养护的系统性研究；日常道路基础设施养护、运维、管理中也较少应用到 BIM 技术；人们对 BIM 在道路养护中应用价值的认识还有待提高。搭建 BIM 信息化管理平台占 8%；在养护、大中修工程中采用 BIM 技术进行模型构建占 10%；BIM 在养护决策、效果评价和应急处置等方面的应用几乎为零。目前 BIM 在道路养护中的应用深度和广度还远远不够。BIM 技术未来在公路养护管理中的应用前景相当广阔。现阶段，养护管理中的日常巡查、大中小修与保养工程、养护施工组织模拟、道路状态评定、制定养护对策、养护工程后评价、道路病害检测、信息数据采集等方面都体现了对 BIM 的应用需求，但大多都属于应用探索和技术攻坚阶段。

（七）BIM 技术在水利水电工程中的应用现状

BIM 作为一种先进的数据模型，在水利水电领域的应用时间尚短，缺乏全方位的推广和普及。相关研究发现，当前国内 BIM 技术以大型设计院为主，很多设计院都成立了 BIM 研究团队，逐渐将 BIM 技术与二维设计技术相结合。我国"十三五"规划对水利工程信息化建设作出了明确要求，以促进参与建设、设计建筑项目的企业具备 BIM 技术能力。最初，BIM 技术在水利工程项目中的应用集中在工程设计环节，且主要应用于地形复杂、规模大、技术难度大的大型水利工程项目中。例如，溪洛渡水电站、糯扎渡水电站、向家坝水电站等，都应用了 BIM 技术来优化设计方案，并对施工进行了有效指导。但这些水利工程具有唯一性特点，相信经过不断努力，BIM 技术在水利水电领域发挥的作用将不断增加。

（八）BIM 技术在污水处理行业的应用现状

随着时代的发展，BIM 技术已经成为建筑业的发展趋势，在污水处理行业的应用也必将越来越广泛。目前，BIM 技术在污水处理工程中的全面应用还比较少，尤其是中小型企业对 BIM 技术的应用仍处于起步状态。BIM 技术在污水处理工程中的推广仍存在一些问题。

首先，从业者对 BIM 的认识仍处于初级阶段，认为 BIM 技术的主要功能是将 2D 图纸翻模成为 3D 模型后给建设单位展示。直接利用 BIM 技术进行正向设计、施工的项目还不多，对此相关单位应加强对环保工程人员的 BIM 培训，邀请 BIM 专业人员进行授课，加强相关人员对 BIM 技术应用的认识。

其次，建设各方对与 BIM 配套数字化协同管理平台的需求较为迫切，但 BIM 协同数字化管理平台研发技术还需进一步完善。此平台不仅应满足建设各方日常管理需求，还应与 BIM 技术相结合，实现全生命周期的 BIM 应用。

最后，制约 BIM 技术在污水处理工程中应用的一个主要问题是族库的缺少，在污水处理工程中会涉及一些特殊的设备和异形构筑物，需要对软件进行二次开发，对此最好能够建立一个基于整个行业的族库并共享。另外，BIM 本身是较为复杂的体系，目前污水处理行业能掌握 BIM 技术和协同管理平台运用技巧的人才少之又少，影响了 BIM 技术在该行业的应用，所以相关人员要加强对 BIM 软件的学习，具备较高的软件应用能力，从而推动构建全生命周期的智能化污水处理厂模式。

（九）BIM 技术在工程造价行业的应用现状

造价管理是工程项目中的重要组成部分，对工程项目的进展有重要的影响。高职院校更多是在传统的工程造价需求的角度上进行工程造价专业的建设。随着 BIM 技术在工程造价管理中的应用不断扩大及深入，工程造价专业也需要进行相应的变革以适应行业发展的变化。

第一，BIM 技术应用在实际的工程造价中。在初期的招标阶段，建设单位在进行招标的时候，需要进行精细的工程量计算，如果以人工进行计算，不仅需要大量的人力投入，还有可能因为计算中出现的遗漏和误差等问题而导致结果的偏差，最终影响招标结果。应用 BIM 技术很好地解决了这个问题。通过 BIM 的专业软件，不仅可以快速精确地完成计算，还可以通过 BIM 特有的方式将建设工程内容进行直观的展现，加强数据的可信度。

第二，在施工阶段应用 BIM 技术。建筑工程的施工过程一般是很长的，在施工过程中很可能会遇到较多的变数，各种突发状况会给施工造成各种影响和困扰，而通过 BIM 技术的协调性可以很好地解决这一问题，保证工程建设高效进行。

第三，在竣工阶段应用 BIM 技术。工程的建设工期一般较长，在这个过程中会出现这样那样的问题，导致数据资料或者施工图纸缺失。而 BIM 技术的应用将整个施工过程中的所有数据都进行了规范化存储，保证了在竣工阶段不会出现因数据缺失而产生的争端，很大程度上提高了工程竣工结算的效率。

三、国内 BIM 技术应用存在的问题分析

虽然有政府政策鼓励，但是 BIM 技术并没有在我国实践中得到广泛推广和采纳。即便将其运用于实际项目中，也仅停留在项目设计阶段，未覆盖项目全生命周期。然而，只将 BIM 技术运用在项目的某一阶段是不合理的，这样并不能够使 BIM 技术的效益发挥到最大，因此，在推广应用 BIM 技术方面，我国还存在较大的提升空间。结合国内目前的实际状况，BIM 技术在实际建设项目应用过程中遇到的问题主要体现在以下几方面。

（一）BIM 技术应用人才方面

BIM 从业人员不仅应掌握 BIM 工具和理念，还必须具备相应的工程专业或者实践背景。不仅需要掌握一两款 BIM 应用软件，还要能结合不同的项目需求，制订具体的 BIM 应用方案，并监督 BIM 应用方案的落实，客观来说，BIM 领域的某些单一层面的人才并不少，尤其是 BIM 建模人才，能够熟练使用诸多 BIM 软件。然而技术性人才的充裕并不能给 BIM 市场带来很大的生机，这个领域更渴求的是能够制定 BIM 标准和方案的复合型人才，而这样的人才在我国还比较稀缺。

（二）BIM 技术应用软件方面

如今市场上关于 BIM 的相关软件有不少，但多数还是集中在设计施工流程阶段，应用在运维管理流程的软件十分稀少。绝大多数 BIM 软件都能够较好地实现某些单一的功能，但高集成度的 BIM 软件系统还很少，特别是针对建筑管理的软件更是匮乏。此外，各软件开发公司为了保护自身的知识产权而不愿与其他公司进行合作，使得数据与数据之间无法实现交互，大大制约了 BIM 技术的良性发展。

（三）BIM 技术数据标准方面

随着 BIM 技术的大范围推广与应用，BIM 缺乏统一的数据交换标准，因此数据交换困难、存在数据孤岛现象。当前我国建筑行业内 BIM 统一的规范化标准相对缺乏，且由于 BIM 技术与实际应用软件高度依赖，而目前主流应用软件之间的数据接口不公开、数据共享传输困难、单一软件应用集成度差。IFC 数据标准是 BIM 应用领域的一个重要标准，然而我国目前对该标准的使用和推广很不重视，同时又不注重对其他应用标准的制定和拓展工作。如果该问题不能得到根本解决，那么我国在 BIM 领域的发展就会受到严重制约。

（四）BIM 技术应用模式方面

项目参与各方由于利益不同，更多只考虑节约自身成本，在 BIM 模型共享、协同管理等方面存在不足，BIM 技术普遍缺乏一个集成和协同的应用环境，这给 BIM 的推广带来了障碍。通过分析可以看出，目前国内 BIM 技术的应用虽然已经不断拓展，但应用的行业范围较小，同时 BIM 技术在某行业的应用深度不够，更多停留在较浅的层次，在指导施工、提高项目管理集成度等方面还有很长的路要走。

（五）BIM 技术模型和设计方面

如今大多工程依靠 CAD 图纸对 BIM 模型进行建立，但是 CAD 图纸并不精准，出现错误就要及时修正，还要及时查阅图纸和图集，最终导致设计人员工作繁杂、工作效率低下。因此，在设计方式的转变方面仍需继续探索。标准应得到统一，BIM 技术的标准精细化程度在施工企业方面较低，加上国内 BIM 软件种类繁杂，急需创建出统一的 BIM 格式与标准。BIM 模型与各类技术 [如虚拟现实（VR）、AR、PKPM 等] 难以完成独立对接，仍需依靠第三方，这导致 BIM 技术的数据流通不顺畅，因此 BIM 技术的接口问题仍需探索和完善。目前，缺少真正自主可控的国产操作系统和 BIM 软件，各种软件接口不统一，给数据和网络安全造成极大隐患。考虑到建筑工程自身的特点，针对工程建设的 BIM 模型往往具有针对性和独特性，在二次利用的角度上并不理想。各类参数信息与数据记录大多独属于特定的 BIM 模型。而在建筑工程推进过程中，普遍存在的信息更替与修改，更加对设计、变更、管理提出了新的挑战，在信息更改不及时的情况下，信息冗余加重了 BIM 模型的负担，影响了 BIM 技术的应用效果。

BIM 模型的实现需要依靠 BIM 技术，所以 BIM 模型能够达到的精度也与技术的上限密切相关。在对现有 BIM 技术及对应软件的考察中可以发现，BIM 模型的建立与数据库资源密切相关，BIM 模型需要的精度与实际项目要求有关，但是建立成果则依赖于技术的水平，在当前各类尺寸、材质、能耗均未形成行业统一、覆盖全面的局势的基础上，BIM 模型的精度难以被保证，这也使 BIM 技术的实际应用效果和使用范围削弱不少。

第三章　BIM 技术在建筑业的应用

随着社会经济的快速发展，我国建筑工程的工程量也越来越大，同时对建筑工程建设的技术要求也越来越高。在这种情况下，BIM 技术的应用在建筑业稳定发展过程中发挥了重要的作用。应用 BIM 技术，可以有效地将相关信息与数据结合在一起，使建筑建设中人力、机器和建设材料等实现更加科学合理的分配。本章分为业主方 BIM 技术的应用、设计方 BIM 技术的应用、施工方 BIM 技术的应用和运营方 BIM 技术的应用四个部分。

第一节　业主方 BIM 技术的应用

一、BIM 技术的实施要求

近年来，BIM 技术在整个建筑行业中得到了快速发展，其应用效果也得到了广泛认可，特别是在国家行业政策推动、信息化建设等条件下，BIM 技术渐渐在建筑行业中占据举足轻重的位置。

然而，在 BIM 推广前期，建筑信息模型、三维数字化协同设计等技术的应用，使得建筑行业的工作重心整体前移，外加应用单位对 BIM 技术的不正确使用，加重了设计人员的负担，而又难以在早期见到经济效益，致使 BIM 在一开始推广时就出现了问题。同时软件成熟度还不够，无法支撑起整个信息化过程，因此 BIM 技术在建筑设计阶段体现为二维到三维的逆向使用，并衍生出 BIM 正向设计以表示区分。这些因素更加混淆了 BIM 与设计的关系。虽然随着 BIM 技术在大量实际项目中的应用和市场、企业、科研团队的研发推广，使用 BIM 技术的初衷已逐渐被从业人员接受，但目前 BIM 推广仍存在其他阻碍因素（如经济因素、人员配置等），技术不成熟仍然是阻碍推广的主要因素。

关于 BIM 技术的集成应用提出，要通过推进自主可控 BIM 软件开发、完善BIM 标准体系、引导企业建立 BIM 云服务平台、探索快速建模技术、开展 BIM

报建审批试点等措施，推动形成 BIM 技术框架和标准体系；推动数字化协同，提升精细化设计水平，为后续精细化生产和施工提供基础，积极研发利用参数化、生成式设计软件。由此可见，BIM 技术的推广要建立在完善的技术平台的基础上，且直接影响行业信息化发展水平，未来的 BIM 设计工作流程将提高建筑信息模型在建筑工程整个阶段的利用效率，发挥建筑信息的最大价值。

当前背景下，BIM 设计流程的关键是所需软件间的互操作性以及技术选择的灵活性。在整个项目阶段灵活选择技术体系有利于为所有利益相关方创造更多价值，满足设计人员多样化的需求，从而优化设计。以数字化手段丰富方案创作方法，有利于提高建筑师建筑设计方案创作水平、发挥对建筑品质的管控作用、推动建筑业高质量发展与绿色低碳发展。

二、业主方 BIM 技术应用的主导模式

业主方 BIM 技术应用的主导模式是由业主方主导，沟通并协调建设项目的相关参建方，组建专业的 BIM 团队，确定 BIM 团队成员的工作职责及工作范围，成功地将 BIM 技术运用至建设项目当中，对建设项目的 BIM 相关工作提供全程指导的模式。最初业主方的 BIM 技术主要应用于建设项目的设计阶段，用于建设项目方案的沟通、展示与推广，随着 BIM 技术的不断发展及对 BIM 技术认识的不断深入，BIM 技术也开始应用于建设项目的各个阶段。

第一，在设计阶段，业主方应用 BIM 技术对建设项目的设计进行展示与推广。业主方可以将 BIM 模型作为与设计方沟通的平台，随时与设计方对设计方案进行交流，并且可以有效地监督和控制设计进度；也可以对设计错误进行检测（如综合管线之间的冲突碰撞问题）。

第二，在招投标阶段，业主方可以依据 BIM 技术可视化的特点对投标方案开展评审工作，在详细了解项目实施方案后可以有效地确保施工方案的可行性、合理性。

第三，在施工阶段，业主方可以利用 BIM 技术对施工方案进行模拟和优化，BIM 技术给业主方提供了一个与承建商沟通交流的平台；业主方不但可以对施工进度进行控制，而且能确保施工的顺利进行，并保证工程项目质量。

第四，在运维阶段，由于 BIM 模型集成了项目全生命周期中的相关信息，业主方可以利用模型中的信息辅助建设项目的运营和管理。

从效用的角度上分析，业主方 BIM 技术应用的主导模式是最为合理且有效的，因为此模式不仅符合 BIM 技术应用于建设项目全生命周期各个阶段的理念，

还充分发挥了 BIM 技术的优势，即将建设项目各阶段的 BIM 应用串联起来，基本上实现了 BIM 技术在建设项目全生命周期中的应用。由于业主方在整个建设项目实施过程中拥有绝对控制权，业主方可以要求各个参建方使用 BIM 技术来辅助建设项目整个过程的管理。

三、业主方 BIM 技术应用的内容与价值

（一）业主方 BIM 技术应用的内容

第一，委托设计规划建模。使用 3D MAX、Cityplan 等三维规划设计软件对周边环境进行建模，包括周边道路、建筑物、园林景观等。将模型融入环境中进行分析，业主做出可行性决策。

第二，场地模拟分析。BIM 通过和 GIS 进行有效结合来实现场地模拟分析，对建筑物的空间方位及外观，建筑物和周边环境的关系，建筑物的定位，建筑物将来人流、车流、物流等因素进行集成数据的综合和分析。

第三，绿色建筑分析。利用 PHOENICS、Ecotect、IES、Green Building Studio 以及国内的 PKPM 等软件，模拟自然环境，进行日照、风环境、热工、景观可视度、噪声等方面的分析，提高建筑品质。

第四，管线碰撞检查。通过 Navisworks 等软件来实现对建筑结构和水暖电等进行碰撞检查，从而生成碰撞检查报告。碰撞检查报告可在平面图和系统图中明确标注所有碰撞问题点，同时在三维模型中直接在空间位置处报错，提报责任单位进行处理。

第五，工程量统计。完成施工图纸后，通过 Navisworks 或 Revit 等软件来完成工程量统计，搭建 BIM 模型，对材料及工程量进行统计。

第六，招投标的标底精算。应用鲁班、广联达等软件，形成准确的工程量清单，模型可由业主方建立，也可由投标单位建立模型提交业主，这样便于精确统计工程量，提前在模型中发现问题。

第七，施工项目预算。建立 BIM 模型与时间的结合，可由单体建筑确定时间，或细化到楼层确定时间，得到每月或每周的项目造价，依据不同时段所需费用来安排项目资金计划。

第八，三维可视化图纸会审。通过 BIM 可视化模型，找出并汇总图纸中存在的不足之处，标注于模型中。在进行现场图纸会审的时候，对这些不足之处一一提出解决方案。

第九，管线预留孔核对。按照施工规范性标准以及现场施工要求，建立形成管线综合模型，对全部专业管线进行综合排布，得出综合管线排布图以及预留孔洞位置图，在进行施工安装前明确所示管线的具体位置。

第十，四维施工模拟。在 Navisworks 软件里导入建模软件 Revit 等建立的 BIM 模型，在 Navisworks 模型里导入项目进度计划，从而形成四维施工模拟。四维施工模拟能够更好地反映工程的进度，有利于指导现场施工以及调整采购材料计划。

第十一，资料管理。建立基于 BIM 技术的业主方档案资料协同管理平台，将施工资料、项目竣工资料和运维阶段资料档案（包括验收单、检测报告、合格证、洽商变更单等）导入 BIM 模型中，实现资料的统一管理。

第十二，形成竣工模型。现场验收时，通过可视化模型与现场真实情况进行比较，完成验收。在完善竣工模型之后，和实体项目一起移交，给以后的运维管理提供更具全面性、直观性的档案模型。

第十三，项目完成结算审计。利用 BIM 技术，能够更快地完成洽商变更资料的建档，方便在结算时进行追溯，使结算工程量以及造价的统计更具精准性和便捷性。能够更好地对结算造价进行控制和审核。

（二）业主方 BIM 技术应用的价值

1. 有效控制造价和投资

以 BIM 技术为基础的造价管理功能，能够使工程量的计算更精确、使投资数据更加快速地算出，还能有效地降低管理出现漏洞的风险。BIM 技术的优势主要体现在碰撞检查、深化设计以及模拟施工方案等方面，可降低成本、减少返工和废弃工程，减少变更和签证。如此将大幅提升业主方的预算控制能力，很多项目可节约造价 5% 以上。

2. 提升工程质量与安全管理水平

在进行施工之前，可以通过 BIM 进行技术方案模拟，从而实现方案预演、可视化交底以及完善施工图，这不仅能够有效促进工程施工质量的提高，同时还有利于提高安全管理水平。

3. 提升项目协同能力

随着建筑规模的不断扩大，开发商在管理项目的过程中遇到的困难也逐渐增多。应用 BIM 技术对进一步保证项目管理的有效性，促进项目协同能力的提升具有重要的意义。因为 BIM 技术可以提供精准性更高、更具完整性的工程数据库，所以不同的协作单位之间在进行协同工作时能够在统一的 BIM 平台上运行，对协同过程中遇到的问题可以更加及时地处理，从而促进协同效率的提升，特别是以互联网为基础的 BIM 平台，可以使 BIM 的协同作用得到更好的发挥。

4. 提高运维管理水平，降低运维成本

对建筑而言，其生命周期较长，在其生命周期内产生的运维成本非常昂贵，可以达到其建造成本的十倍之余。对竣工 BIM 模型数据库进行有效的运用，不但能够进一步促进运维效率的提高，同时还可以使物业运维成本下降。随着以 BIM 为基础的运维平台以及相关应用技术的逐渐发展成熟，BIM 所具备的价值作用越来越突出。

5. 积累项目数据

现阶段的业主方缺乏项目数据的积累，尤其是基于 BIM 技术的数据。无论是数据的系统化、结构化还是数据力度等方面，都有不足之处，想要实现数据的再利用是非常困难的。在项目竣工之后，其数据想要给后续的项目提供价值是非常困难的。业主方通过应用 BIM 技术进行项目管理，能够累积更多的项目数据库，不但可以提高成本预测、方案比选的效率，还可以给以后开发的项目提供价值更高的数据。同时，构建基于 BIM 工程项目的数字化档案馆，能够有效促进存档图纸数量的减少，进而降低项目数据的管理成本。

第二节　设计方 BIM 技术的应用

一、设计方 BIM 技术的应用模式

设计方根据自身及项目的特点，在不同的项目中会采取不同的 BIM 技术应用模式。目前，设计企业针对 BIM 设计主要有两种模式。

第一，在平面图纸的基础上进行 BIM 建模和分析。这是目前设计方在设计阶段主要运用的 BIM 方法。将确定的设计方案重新建立 BIM 模型，或将模型导入 BIM 软件进行分析，通俗地讲就是翻模。根据分析和建模结果再与设计师进行沟通交流，进而修改优化设计。

第二，设计师与 BIM 团队配合完成设计图纸和模型，在设计过程中同步建模。设计师为 BIM 团队提供概念、方案，BIM 团队把设计师的想法付诸实践。在此

模式中，BIM 团队直接参与方案设计，配合节点较多，故要求设计方具备一定的 BIM 技术基础。

第一种模式中 BIM 主要发挥技术搬运作用，BIM 团队的职能类似于咨询公司，以专业咨询的角色存在。第二种模式中 BIM 充当的是设计者的工具，BIM 团队是概念的实现者，随着这种模式的深入发展，设计者完全适应了 BIM 工具后，会出现第三种模式，即设计师直接利用 BIM 软件进行设计，所有设计成果均以 BIM 形式呈现，不再有 BIM 工程师。当然，现阶段第三种模式仍处于萌芽阶段，但这一趋势是必然的。从上述设计方的 BIM 技术应用模式可知，当前 BIM 技术在设计阶段的作用并没有真正发挥出来，其主要应用模式还停留在"翻模"阶段，BIM 正向设计对于多数设计企业还比较理想化，这也充分说明了 BIM 在设计企业中实施效果并不理想，落实并不到位。

二、设计方 BIM 技术应用的发展趋势

（一）BIM 技术应用的辅助设计趋势

自 1985 年基于特征设计的商业软件在机械、航空等领域出现开始，CAD 技术及数据交换规范在建筑领域开始发展。CAD 软件是指在设计中计算机对不同方案进行的计算、分析和比较，以决定最优方案的软件体系，是在复杂多变的设计环境中使用计算机科学技术辅助设计的方法，是带有人工智能要素的建筑设计过程。

然而，在很长一段时间内，国内计算机辅助设计 CAD 多数作为绘图工具，但 CAD 不等同于 Auto CAD 的二维设计，绘制图纸只是计算机辅助建筑设计的一种形式。随后以数字、公式控制的参数化设计出现，为计算机辅助建筑设计增加了重要的应用价值。建筑信息模型可算作继参数化设计之后计算机辅助建筑设计的新技术，由于 BIM 技术在设计应用中的可模拟性、可优化性特点，可以看出 BIM 自然属于 CAD 技术的一类。计算机辅助设计仍然会继续发展，如后来的大数据、人工智能、物联网等技术，既能实现独立发展又能与 BIM 融合共同辅助建筑设计，这也验证了基于 CAD 软件在建筑设计上的应用具有非常坚实的基础。

CAD 在建筑领域要继续实现智能化、网络化、集成化的发展目标，这是所有 BIM 软件的目标，虽然具有创新性和突破性的技术目前仍未出现，但 BIM 作为实现建筑业发展 CAD 的主要手段，是寻找技术突破的关键领域，应用状况也呈现不断上升趋势。计算机辅助设计融入建筑设计的程度只会越来越深。

从建筑设计层面上说，建筑设计方法是具有逻辑性的思维与灵感的结合，而且呈现不断发展与更新的态势。设计方法的改进往往促使设计过程发生着积极的变化，使设计过程不仅是科学的、具有顺序的，也是动态的、开放的。从建造成本上看，在过去，信息是昂贵的，而原材料和能源价格较便宜，设计过程中设计师可以从最坏状况考虑，以实现设计目标。而如今信息成本随着技术的发展在不断下降，原材料和能源成本不断上涨，实现设计元素、建筑构件精确计算已经变得实际可行。

（二）BIM 技术应用的正向设计趋势

能够将工程项目在全生命周期中不同阶段的工程信息、过程和资源集成在一个独立的模型中，这是最初"BIM 之父"所定义的 BIM 概念。自从作为新事物出现之后，它的含义就在不断完善和发展中。在劳伦斯伯克利国家实验室问世的建筑设计顾问系统成功运用了基于模型的建筑模拟实验，并成为首个集成化的图形分析和模拟软件，相关 BIM 的关键技术陆续产生，并在此后飞速发展。

随着 BIM 技术的不断应用与发展，人们也将 BIM 解释为 Building Information Models 与 Building Information Management 等概念。解释为"Model"（模型）——使用模型的构建来解决空间上的问题，意为单纯的 3D 可视化模型；解释为"Management"（管理）——通过数据处理和分析，从中获取信息帮助我们做出决策。总的来说，皆表达出对 BIM 的实际需求。但无论怎么定义，对 BIM 的理解都在以"信息"为核心，而在我国，BIM 也已然成为建筑业信息化技术的代名词。建筑行业在 BIM 提出时就与信息化联系在一起，行业整体处于一个信息化极低的状态，迫切需要信息化来解决实际工程问题，而信息载体即为 BIM 模型。

BIM 正向设计，其实是相对于国内 2D 向 3D 翻模形式而言的 BIM 概念。BIM 正向设计是指设计师及各相关专业工程师在 3D 模拟环境下进行参数化建筑设计——从草图设计阶段至交付阶段全部过程都由 BIM 3D 模型完成，BIM 正向设计的应用形式是使模型的创建直接依据设计师的设计意图，而不是成品或半成品设计图纸。这种优势在于以 BIM 模型为载体的设计工作更便于展开方案推演、性能计算和专业间有效交互等，便于展开全生命周期的集成应用，推动工程建设数字化交付。

（三）BIM 技术应用的成果交互趋势

推动设计流程向 BIM 设计流程转变，意味着在方案设计阶段要花费更多的精力与时间，为保证 BIM 的实施，还要注意实际项目中的成果传递问题。在传统模式中，设计过程成果传递往往依附于相应的组织结构进行，因此，在对建筑设计流程进行分析之前，首先应对设计单位的组织结构进行说明。通过调查研究发现，目前建筑设计中应用较为普遍的组织结构为直线模式。该模式中项目的决策、执行等过程均为由上到下的指令型传递方式，权责划分清晰，设计工作执行效率高。其次，设计流程不仅受组织结构中设计内容的影响，还依附于设计计划的确定，因此，除了应对组织结构进行说明，还应对设计流程的保障性因素进行分析。

目前，建筑设计模式存在的问题导致实际设计流程难以实施信息化工作，即使企业与各项目参与方已经认识到今后的趋势，而对于这种各方配合的庞大系统，能力往往十分受限，也就无从下手。

基于此，对设计流程面临的困难进行总结：目前的项目管理模式仍未做好改变的准备，新的设计流程技术路线还不够成熟，导致方案设计中无论是设计人员还是专项组织仍然无法站在项目整体角度出发去提高设计质量。然而在信息化技术高度发达的时代，传统设计企业的专业能力和工程经验已经不具优势，迟早要迈向数字化三维协同设计的最终目标，因此对建筑设计的流程优化迫在眉睫。

由于设计人员 BIM 技术实力和现场经验的缺失，国内目前 BIM 模型传递也存在弊端，没有达到设计院到施工单位直接传递的状态，而是产生了两种 BIM 模型传递的临时方案：一是设计单位提交模型给施工单位后，由施工单位聘请 BIM 咨询团队或自己将二维成果进行翻模；二是甲方一开始就聘请第三方 BIM 咨询公司将设计院的二维图纸进行翻模，然后进入施工现场。这两种 BIM 模式都会导致设计与施工的割裂。

BIM 成果交付的理想模式是由一个具备 BIM 技术的设计团队从设计建模到施工阶段不断跟进、修正模型、解决项目问题，直到验收，最终提供一个完善的建筑信息模型。因此，BIM 模型的上下游传递模式应为设计单位到施工单位的直接传递。这种交付的理想状态就是 BIM 实施的意义，可以看出设计人员的设计能力与 BIM 建模能力需并驾齐驱，还要积累施工经验，只有这样才能在模型建立时更加注重模型细节（如添加非几何属性信息、布置构件注重标准、减少不实际的设计）。

三、设计方 BIM 技术的应用点

BIM 技术在工程项目设计阶段的应用点有很多，本书只描述设计阶段 BIM 技术常用应用点，也是比较实用且价值较高的应用点。

（一）建筑性能分析

利用专业的性能分析软件对方案 BIM 模型进行建筑能耗、日照、通风、采光等性能分析，通过多方面的分析，得出不符合预期的设计指标，并及时调整方案 BIM 模型，反复推敲，直至敲定最终符合要求的建筑方案。

（二）设计方案比选

建立方案 BIM 模型后，可利用 BIM 模型从结构、机电等专业的角度提出建议和要求，初步分析本项目可采用的结构形式、机电设备参数等，并能为后续设计提供参考。通过构建或局部调整方式形成多个备选的设计方案 BIM 模型，进行比选，项目方案的沟通讨论和决策可在可视化的三维仿真场景下进行，实现项目设计方案的直观和高效。

（三）设计协同

在设计阶段项目 BIM 技术的实施过程中，协同工作主要为建筑、结构、机电三大方面的专业内协同和专业间协同。各专业在同一平台上进行协同设计，极大提高了沟通效率，保证设计信息传递的及时性与完整性，保证设计质量。

1. 专业内协同

专业内协同采用"中心文件"协同方式，由建筑、结构、机电等各专业分别创建，并且仅包含本专业负责的内容，设计人员单独创建、修改、访问各自专业内 BIM 成果。设计单位搭建协同服务器，所有设计成果保存在协同服务器中。在服务器项目文件系统中，应当为专业划分各自的文件位置，以便分别保存、更新 BIM 成果和多专业间协同。

2. 专业间协同

专业间协同采用"链接文件"的方式，各专业将其他专业模型链接到本专业模型中，进行设计参照、相互提资。当共享 BIM 成果有变更时，链接模型自动更新，各专业设计团队可迅速处理变更问题。

（四）碰撞检测与综合协调

碰撞检测与综合协调基于各专业模型，通过 BIM 软件进行各专业模型间碰撞检测，直观解决空间关系冲突，显著提高管线综合的协调成熟度和工作效率，优化工程设计，减少设计阶段图纸误差，避免不必要的设计错误传递到施工阶段。

（五）净高分析

完成碰撞检查与综合协调后，通过 BIM 软件对各功能区域的空间净高进行分析，确定各功能区域的净高合理性，并针对不满足空间要求的区域进行分析和设计调整，给出最优的净空高度。

（六）出图

施工图设计阶段 BIM 模型达到出图深度后，二维图纸应通过 BIM 模型生成后导出。出图的线型、线宽、颜色、定位、注释等设置均应按 BIM 技术标准要求提前在 BIM 软件中进行设置，以确保输出的图纸在包含所需信息的同时达到标准化、规范化。BIM 设计出图的主要目的是减少二维设计的平面、立面、剖面的不一致性问题；尽量消除各专业间设计表达的信息不对称；为后续设计交底、施工深化设计提供准确依据。

（七）工程量统计

BIM 模型通过 BIM 算量软件，进行模型映射，算量软件通过识别映射后模型构件属性，运行提前设置好的运算规则，进行算量分析，导出 BIM 工程量统计表。相对于传统的手算图纸工程量或单独创建算量模型进行算量，直接通过施工图阶段完成的 BIM 模型所输出的工程量更加准确，也更接近现场实施的工程量，在保证使用功能的前提下，减少工程量，可以最大限度地对成本进行控制。

（八）虚拟仿真及其漫游

虚拟仿真漫游是利用 BIM 软件模拟建筑物的三维空间，通过漫游、动画的形式提供身临其境的视觉、空间感受，及时发现不易察觉的设计缺陷或问题，减少事先规划不周全而造成的损失，有利于设计与管理人员对设计方案进行辅助设计与方案评审，促进工程项目的规划、设计、投标、报批与管理。

第三节　施工方 BIM 技术的应用

随着计算机与网络信息技术的快速发展，工程建设中运用信息技术也越来越广泛。过去的几十年里，CAD 技术将工程师、建筑师从铅笔与画板中解放出来，推动了建筑业第一次信息化变革。如今，BIM 技术作为建筑行业的信息技术代表发起了第二次革命，其不仅集成了工程全周期、各专业的数字信息，还影响了工程师、建筑师的思维、管理方式、组织模式，推动着工程建造模式转向数字化建造模式。

目前国内 BIM 技术在建筑业施工阶段中的应用主要集中在施工前准备与策划阶段，如深化设计、数字化加工、模拟施工、施工场地规划、施工过程进度控制、施工过程成本控制等方面。

一、深化设计阶段

深化设计阶段衔接了设计图纸与现场施工，其涵盖了土建、钢结构、幕墙、机电、精装修等专业。基于综合的 BIM 模型，项目能够将各专业设计成果进行校对、集成、协调与优化，形成各专业综合的平面图与剖面图。BIM 模型提高了施工图的深度与准确性，当展开多专业交错施工研讨会议时，可以直观地发现施工中可能发生的问题，提前将各专业深化设计后的交错碰撞暴露出来并一次性解决。BIM 模型的大型化、专业化、复杂化是传统平面图纸无法比拟的。

二、数字化加工阶段

基于 BIM 模型的数字化加工大幅提高了预制构件厂的生产力，自动完成预制构件的建造，降低误差，从而提高施工效率。数字化加工将 BIM 模型中的构建信息进行提取、汇总、分类，并准确地传递到生产线中进行加工，有效地解决了信息创建、管理与传递的问题。

三、模拟施工阶段

基于 BIM 的模拟施工阶段克服了工程建造过程中应用新技术时遇到的困难。在施工前，将新技术施工方案进行模拟施工，发现在施工过程中可能存在的问题与风险，并根据模型进行调整与修正，提前制定相应的措施，优化施工方案。在一个虚拟的施工过程中，可以发现各专业需要协调的地方，在实施过程中能够提前策划，从而现场能够更好地配合，提高工作效率。

四、施工场地规划阶段

合理的施工现场的场地规划能够大幅减少作业空间的冲突，优化空间利用率。基于 BIM 的场地规划能够更好地指导场地施工，降低施工风险与运营成本。例如，塔吊的运行范围与定位，既要塔吊保证能够覆盖材料加工区、施工作业区，又要保证运行范围内不能有生活区，且施工过程中不能与其他塔吊、楼栋产生碰撞。BIM 模型能够展示塔吊形态与高度，将厂区内各构筑物均融入模型之中，使塔吊规划更贴切实际运行。

五、施工过程进度控制阶段

进度计划与控制阶段是施工组织的核心内容，通过合理的施工顺序，尽可能地减少人工、材料、机械的消耗，按规定的工期完成拟建项目。传统的横道图和网格图相对于基于 BIM 的 4D 施工模拟略显抽象复杂。4D 施工模拟以建筑模型为信息载体，便于各专业、各阶段以及各相关人员间的工作协同，避免了信息过载、信息流失的问题。基于 BIM 的施工进度管理使管理者对各阶段的人工、材料、机械进行精确计算、统计、分析，确保资源的合理分配。

六、施工过程成本控制阶段

工程造价控制依托工程量与工程计价，基于 BIM 的工程造价使 2D 工程量转向了 3D 工程量，当融入了时间、进度两个维度后，即可实现工程造价全过程 BIM 管理。管理人员通过不同时间节点的工作进度，可以得出当时的施工成本、形象进度、造价数据。当发生设计变更时，随着结构的变化，造价数据也同步变化，有效地避免了设计与施工、造价脱节的现象。

第四节　运营方 BIM 技术的应用

一、运营方运维管理概述

建筑运维管理系统主要包括六项，分别为空间管理、安全管理、能耗管理、资产管理、设备管理、智能控制系统。如表 3-1 所示。对建筑的运维管理就是对建筑资料的管理。空间管理是对建筑中空间的划分、建筑物的使用人员、使用面积、使用类型说明、变更记录进行管理，有利于提升建筑物的空间利用率；安全管理是对建筑物中可能危害人身安全及财产安全的事件进行的管理，如火灾预警、火灾报警、设备故障报警、门禁管理、安全巡更等。通过安全的管理将危险事件的发生率降低，提高应急处理能力；能耗管理是指对建筑物中能源的使用管理，包括用电量的统计分析及预测、用水量的统计分析及预测、用气量的统计及分析、用热的统计及分析。通过对能耗的统计及分析寻求节能方式方法，达到建筑节能目的；资产管理是对建筑总资产的统计、变更管理，包括对建筑物合同资料、建筑数量、建筑规模及建筑附属物的管理，资产的核算、报废、调拨等，减少资产的浪费；设备管理是对建筑物中的电气设备进行管理，包括设备的基本信息、报警信息、维护保养记录。通过对设备的管理延长设备的使用寿命，降低电气设备的故障率；智能控制系统是对建筑中控制子系统进行控制及集成管理，将各个控制子系统集成于同一界面，实现对各个系统的联动控制。

表 3-1　建筑运维管理项目

项目	描述
空间管理	建筑物空间规划、分配、使用管理
安全管理	对危害人身及财产安全的事件管理
能耗管理	建筑物中用水、用电、用气、用热管理
资产管理	建筑物资产管理
设备管理	建筑物中的设备资料、设备维护管理
智能控制系统	建筑中智能系统的统一管理

随着大数据及网络技术的发展，对建筑的运维管理逐渐由本地管理转移至云管理，打破了地域限制。随着智慧城市及智能建筑的发展，对建筑的运维管理变得尤为重要，智能建筑中建筑设备的数量不断增长，对建筑中各系统的管理变得复杂。智能建筑的控制系统将智能照明系统、空调新风系统、环境监测系统、门禁系统、巡更系统、车库管理系统、能耗管理系统集成于同一组态平台进行监控，对建筑运维的信息建立统一的数据库进行存储。

二、运营方 BIM 技术的应用意义

在运营阶段，BIM 技术应用于工程项目运维阶段的意义有以下几个方面。

（一）运维阶段的管理流程便捷集成化

重新梳理关于工程项目运维阶段管理工作的内容。依据项目内部的管理机制、运作方式、管理模式等情况，以制订适应项目运维阶段的管理流程。再利用 BIM 模型可视化的特点，以及相关软件便捷的输入和输出功能，可以轻松地使用操作系统进行项目运维阶段的便捷集成化管理。

（二）运维阶段的信息数据一体化管理

使用 BIM 系统管理工作信息和模型，建立项目运维 BIM 数据库，不仅能大大提高工程项目对运维阶段信息进行存储、分析、传递的完整性，同时也可以确保数据存储无纸化、轻量化，查询信息方便快捷。

（三）数据关联同步化

BIM 系统自动统计模型信息的特点在维持运营管理信息和数据一致性方面的作用很大。BIM 模型的协作共享平台将工程项目不同性质的数据表达出来，促进了各参与方相互之间的合作，并满足了不同管理方面的需求。

在运维阶段各项管理系统中充分合理地运用 BIM 技术，对于建筑项目全生命周期的发展有着重要的影响和意义，同时也为相关方更加便捷顺利地实现运营阶段的高效管理提供了一定的可能性。

三、运营方 BIM 技术的应用分析

（一）管理方面 BIM 技术应用点分析

1. 空间管理

为有效管理和确保建筑空间的使用，将建筑空间管理与 BIM 技术相结合，主要应用包括空间规划、空间分配、人流管理等。空间规划是一个集数据库和建筑信息模型于一体的智能系统，用于监控并统计空间的使用情况，它可以根据实际以及未来的需求、设施配置以及成本分摊比对项目进行空间容量的规划和租赁，以及进一步优化场地的使用情况，同时整合归纳各类空间的管理资料，以便根据预期人手情况做出反应。BIM 模型方便各种空间信息的获取和统计，并动态记录信息，将建筑物中的空间进行合理规划以提高空间利用率。

2. 设备维护管理

BIM 技术用于设备维护方面的管理，主要应用在绘制 BIM 模型和设备 BIM 数据库等方面，其数据库中包含了基本设备信息、设备技术参数、设备使用说明及维护保养记录等信息。利用设施设备的 BIM 模型，分析相关数据来确定设备的日常检查路线；配合工程自我管理及其他智能系统，对工程所用的设备进行电脑检查，减少实地视察的次数，以减少工程的人力成本。同时，根据工程的实际运作需要制订计划，提供楼宇、设备及系统的维修服务。基于所制订的维修计划，自动指定在使用期满时需维修的装置设备，以确保装置设备始终处于正常状态。将 BIM 技术与网络技术和设备自身操作系统相结合，可实现设备出现故障时，从提出维修申请到验收完成这一系列流程管理规范有效地进行。同时，将整个维护过程的记录，包括维护、损坏、更换、保修、制造商和硬件功能、操作规划等记录存储在 BIM 模型中，确保对所有设备维护进行准确有效的管理。

3. 能耗管理

项目运维阶段是检验项目能源管理成果的阶段，也是结合项目运维管理资料对能耗实现优化管理的阶段。在节能减排方面，BIM 技术与物联网相结合，通过安装具有传感器功能的电、水和气体计数器，可实现能量消耗数据的实时采集、传输、预分析周期性传输，并具有更广泛的传播范围，以方便能源管理的日常控制。后期在采集人口流动、环境、设备运行等动态数据的基础上，结合实时能耗数据和能耗历史数据，从 BIM 模型中提取相关信息，即设备最佳运行性能数据、设备最佳运行时间曲线、设备运行监测数据等动态数据，对 BIM 视觉和参数环境中的数据进行建模和分析，建立项目能耗管理系统。

4. 应急管理

现阶段城市的飞快发展，对公共项目、大型项目等人流聚集区域所具备的突发事件应急响应能力提出了更高的要求，使得相应项目的应急管理显得十分重要。传统的应急管理仅仅侧重于应对和救援两方面，通过 BIM 技术建立操作管理系统进行应急管理以及预防、警报和响应，可以作为灾后应急响应平台，还可以模拟灾害发生前的相关过程，分析灾害原因。利用 BIM 软件和相关灾害分析，可以制定灾害后疏散和紧急救援的应急预防和预测措施。在灾害发生后，BIM 模型可以为救援人员提供完整的紧急救援点信息，从而有效应对紧急情况。

5. 资产管理

利用 BIM 模型进行资产信息的管理，以促进投资决策者制订项目相关的短期和长期管理计划。利用运维阶段的模型数据可以实现建筑财产的价值评估。同时建立相关资产数据库，以加强项目资产控制，同时减少资产浪费，防止资产外泄，更全面地进行规范项目的资产管理，提高其过程管理的整体水平。

（二）数据安全方面 BIM 技术应用点分析

数据安全方面的 BIM 技术应用主要表现在以下几个方面。

第一，BIM 数据安全。主要有数据安全加密、协议传输加密、数据库防火墙、数据库行为审计、数据副本、系统快照、安全备份及加密等。

第二，BIM 应用安全。主要有代码渗透测试、代码质量审计、Web 防火墙、弱点扫描分析、产品安全开发生命周期等。

第三，BIM 主机安全。主要有漏洞补丁管理、系统安全加固、系统入侵防御检测、各集群及系统堡垒机、宕机迁移、安全镜像等。

第四，BIM 网络安全。主要有行为审计安全分析、流量访问控制、DDoS（分布式阻断服务）安全攻击防护、网络流量综合监控、防地址欺骗、VPN（虚拟专用网络）安全隔离等。

第五，BIM 系统安全。主要有系统安全加固、内核访问权限控制、安全入侵防御检测、沙箱隔离、漏洞热修复和租户安全隔离等方面。

第六，BIM 运维平台安全。主要有各个账号安全管理、权限访问管理、安全堡垒机、日志审计、可视化集中监控、统一报警告知平台等方面。

（三）技术方面 BIM 技术应用点分析

项目以 BIM 技术为基础，通过与各种新技术，如 GIS、VR、物联网以及射频识别技术（RFID）等进行技术融合，实现 BIM 技术的扩展，达到项目运维的智能化管理的目标，项目应用 BIM 技术可借 3D 可视化来辅助决策，提高组织决策效率，通过实际模型与 BIM 模型进行对比，可降低改扩建项目在运维阶段中发生冲突、返工和设计变更的增加工期和成本的问题。

（四）人员组织方面 BIM 技术应用点分析

基于已构建的 BIM 模型并结合相关技术，搭建项目运维管理 BIM 协同平台。该平台能最大程度发挥 BIM 自身所具有的优势，以实现运维阶段各方对于项目工作的协同、沟通、组织。同时，平台还包含项目各个全生命周期阶段中的信息数据，可以很好地满足运维阶段各方对于信息获取、共享、更新的需要。

具体的 BIM 应用过程，如项目各专业可以通过线上平台实时对于各项任务工作流程进行优化调整，并对工程流程各阶段的数据实现实时的分析和反馈，最终提高项目运维阶段的管理效率，合理规划工作，降低运维管理成本，为员工安全管理和友好协调提供可参考的目标。

第四章 施工进度管理 BIM 技术应用

进度管理是项目管理的三大目标之一，在项目管理中有着极其重要的作用。随着 BIM 技术的不断发展和成熟，BIM 技术在施工进度管理中的应用已成为现实。本章分为施工进度管理概述、影响施工进度管理的因素、基于 BIM 技术的施工进度管理应用三部分。

第一节　施工进度管理概述

一、进度管理概述

（一）进度管理的概念

进度管理是一个经典的研究课题，国内外很多专家学者都对其进行了深入细致的研究，通过研读前辈的文章著作，总结了以下研究观点。进度管理作为项目管理过程的主要工作，可以利用科学方法制订进度目标计划，再对项目中可利用的各项资源进行整合优化，从而有效控制整个项目的进度。在综合考虑质量和成本的前提下，保证项目预定进度目标的实现。依照项目初始制定的运行时间段，管理者编制进度计划方案，同时，后续根据项目的实际情况进行计划方案调整，实现后续进度计划方案的最优，为了更好地完成上述工作，需要项目管理者对项目进度及运行情况实时监控，力求实际项目运行轨迹与计划保持一致，从而圆满达成原来制定的进度目标。由此可见，进度管理是一个动态化的过程，项目成功的前提是项目管理者对项目活动进行定义，再对项目各活动进行规划排序，根据规划结果确定整个项目完工所需要的工期。

在项目实施过程中，项目管理者须制订准确的进度计划，后续在项目实际运作过程中，依据计划对项目进度进行控制。具体过程分为五步。第一步，定义项目活动，就是将项目工作分解为更加具体细致的工作包，以此保障对项目过程的把控；第二步，规定项目活动的先后顺序，就是依据分解后的工作包的逻辑顺序进行合理安排项目运行流程；第三步，估算项目工期，就是依据测算、仿真模拟等方法，对项目工期进行估算，但在工期估算的过程中，需要预留一定的时间防止突发事件的发生，确保项目能够在工期估算时间内按时保质地完成；第四步，编制进度计划，在已估算的项目运行时间内，编制项目进度计划网络图，后续分析影响因素，对进度计划进行调整，从而完成一个比较准确合理的项目进度计划；第五步，进行进度计划控制，在本步骤中，需要记录项目实际运行中的进度情况，并与原先制订的项目进度计划进行比较，找出差距，整改实际项目进度。

（二）进度管理的方法

项目的成功与否很大程度上取决于进度管理工作结果的好坏，在项目建设工程中，工期是制约项目能否顺利进行的重要因素，因此，把控项目建设运行的进度计划，可以提升项目的价值，进而增强施工企业在市场上的主动权。专家们经过长期的实践探索总结的进度管理的方法如下。

1. 工作分解结构

（1）工作分解结构的定义

工作分解结构（Work Breakdown Structure，WBS）是在一定原则和规定的约束下，参考工程项目的建设规律，将整个项目进行系统化、相互联系和协调的层次分解。越下层的结构层次中对项目的分解越彻底，对工作任务的定义越详细。工作分解结构将整个项目分解成较小的工作任务单元，直至达到足以进行项目控制的最低层次。

工作分解结构自 20 世纪 50 年代由美国国防部和宇航局开展应用到现在，认识没有发生太大变化，就是把整个项目细分成为方便管理的尺度更小的部分，令项目工作任务更易于定义和开展。

工作分解结构是项目管理者为实现项目目标、创建所需可交付成果而需要实施的全部工作范围的层级分解。分解后的工作任务集合组织并定义了项目的总范围，代表着项目范围中需要完成的全部工作。

（2）工作分解结构的方法

在进行工作结构分解时，应遵循 MECE（Mutually Exclusive，Collectively Exhaustive）分析法，即"相互独立，完全穷尽"，也就是做到不重复、不遗漏地分解项目。同时需遵循 SMART 原则，即一项工作的分解要具备具体（specific）、可量化（measurable）、可实现（attainable）、相关性（relevant）和有时限

（time bound）五个条件。需要注意的是，每项工作必须分配给具体的人员，而不是分配给部门或小组。同时需注意，项目分解不宜分太多层，以 3～6 层为宜，最底层任务的工期不宜过长。WBS 分解逻辑是否准确和明晰对后续确定各项任务的依赖关系以及制订整体进度计划都会有非常直接的影响。

2. 甘特图

甘特图（也称横道图）是进度管理中最常见的方法之一。它是以图示的方法通过任务列表和时间刻度表示出特定任务的序列和持续时间。一般来说，在一个典型的甘特图里，横轴代表时间，纵轴代表项目的任务，线条表示持续的时长。甘特图能够直观地表明项目的每一项任务何时进行，并且提供了活动实际进度与预期的对比，便于项目经理了解项目的剩余任务，从而评估工作进度。

甘特图的优点显而易见，即通过图形来直观展示项目各项活动的进展，易于理解，即使没有项目管理经验的人也可以很容易得到想要的信息。当今大部分项目管理软件都可以根据输入的任务和时间等信息自动生成甘特图，无须大量地手动绘制，但其也具备明显的缺陷，一是其往往只适用于小规模的项目，因为一旦项目活动过多（如超过 30 项），繁杂的图形就会增加用户的阅读难度；二是甘特图中的进度条只表示完成特定任务所需的时间，并不能表示出实现这些任务需要什么样的资源；三是甘特图往往无法描述一个项目所包含的各项任务之间的复杂关系，所以在大型或复杂项目的进度管理中，甘特图往往只作为辅助工具存在。

3. 挣值法

挣值法，又称"差异分析法"原用于国防工作，经改进后用于项目进度管理，逐渐在施工进度管理中得到推广和应用。挣值法是对项目进度和成本进行综合分析的有效方法，能够准确地描述项目实际情况，预计项目执行过程中可能产生的成果。利用挣值法在项目进行中可与各机构、资金和方案密切配合，以确保项目执行的连续性。"挣值法"主要是分析差异，并预测、调整和监测随后的变化，在项目的经济活动中对比成本、寻找偏差、解决问题。

4. 关键路径法

关键路径法（Critical Path Method，CPM）是通过分析项目过程中哪个活动序列进度安排的总时差最少来预估项目工期的方法。用关键路径法可以直观地显示出项目各项任务的先后顺序及逻辑关系，将各种分散、复杂的数据加工处理成项目管理所需的信息，从而便于项目管理人员进行资源分配，实现有效的进度管理。关键路径法是现代项目管理应用最为广泛的方法之一。

应用关键路径法的通常做法如下。

①根据 WBS 绘制网络图（采用前导图法或箭线图法），以节点表示时间，以箭头表示活动。

②用带方向的箭头标出每个节点的紧前活动和紧后活动。

③根据每个活动持续的时间（T），用正推法求得每个活动的最早开始时间（ES）和最早结束时间（EF）；用逆推法求得每个活动的最晚开始时间（LS）和最晚结束时间（LT）。

④用每个活动的最晚开始时间减去最早开始时间，再用最晚结束时间减去最早结束时间，得出每个活动的时差，即该活动的浮动时间。

⑤找出所有浮动时间为零的活动，由这些活动所组成的路径即为项目的关键路径。

之所以要找出关键路径，是因为关键路径上所有活动的持续时间总和即为整个项目的工期。减少关键路径的总时长，即可减少项目的整体工期；反之，则会延长项目的整体工期。识别出关键路径，可以帮助项目管理人员合理分配资源、明确工作重点、优化项目进度管理。关键路径法也有其不足之处，如该方法没有考虑项目中的资源约束问题，对于多项目中存在的项目之间瓶颈资源争夺的问题也不能进行分析和体现。

5. 关键链法

（1）关键链法的内涵

关键链法（Critical Chain Method，CCM）的概念是以色列物理学家高德拉特（Goldratt）在其 1997 年创作的管理著作《关键链》中提出的，同时提出的还有缓冲区的概念，该著作首次提出了关键链项目管理（Critical Chain Project Management，CCPM），具有里程碑意义。

关键链项目管理源自约束理论（Theory of Constraints，TOC），而 TOC 是在最优生产技术（Optimized Production Technology，OPT）的基础上发展起来的。该理论指出系统的制约因素决定了系统的有效产出，制约资源损失 1 小时可以导致整个系统损失 1 小时，而在非制约资源上节省时间基本是没有意义的，即"抓住系统制约因素，进行整体优化而非局部优化"。用有限的资源消除不良的工作行为从而规划项目的进度，并集中管理项目的缓冲时间来确保整个项目顺利实施。

TOC 强调资源约束对项目进度瓶颈工序的作用，这个瓶颈作用就像"木桶理论"中那块最短木板，多个工序对有限资源有共同的需求，需求越紧张，项目进度"木桶"的那块短木板就越短，所以，基于关键链法的项目管理同时考虑了项目工序之间的逻辑关系和资源约束，这正是 TOC 在关键链法项目管理过程中的重要体现。

（2）关键链法的优势

通过将关键链法与传统的进度管理方法进行对比和分析，能够得出应用关键链法进行进度管理具有以下几个优势：一是关键链法更具备整体性和全局性的特点，能够充分发挥各种资源的最大潜能；二是关键链法更接近项目的实际情况，一方面比较重视调整项目各个活动、各个工序之间的逻辑关系，另一方面能够考虑各个平行活动和工序之间存在的资源约束情况；三是在进度计划的编制中，能够引入人的行为因素的影响，考虑人的心理作用对进度计划编制的影响，并且应用了概率分布等理论；四是关键链法能够分析、辨别出影响项目进度的制约因素和瓶颈资源，因此为项目管理人员采取有效措施保证项目顺利进行指明了方向。

（3）关键链法进度管理与步骤

应用关键链法进行进度管理和应用传统的进度管理方法进行进度管理相比，其中一个很重要的特点是能够考虑各个活动和工序之间的资源冲突，并能够及时进行调整和优化，然后确定新的关键路径，此时被重新确定的关键路径被称为关键链。简而言之，关键链法进度管理的主要方式就是在资源约束的情况下，确定出关键链，随后通过设置缓冲区的方式确保整体项目的有序实施，确保能够按期完成项目的施工。

使用关键链法对项目的进度进行管理时，所需完成的工作流程如图4-1所示。

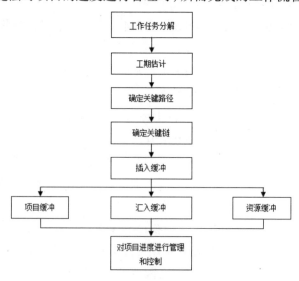

图4-1　关键链法工作流程图

具体步骤如下。

①工作任务分解。WBS 分解，即工作分解结构，就是把一个完整的项目根据已经确定的原则进行分解和细化，拆解成较小的、更易于管理的组成部分的过程，拆解细化直至细化为具体的工作任务为止。

②工期估计。即针对项目各个活动中的不确定因素进行多方位考量之后，得出的一个工期数据。

常用的工期估计方法如下。

经验法：这种工期估计方法通常是依靠有丰富项目经验的人员根据自身从业经验来对项目工期进行估计，形式比较单一、简单，更多地掺杂了主观意识。

历史数据法：该方法是通过运用分析研究类似项目的历史数据记录中的实际工期，并参考历史数据中所记录的工期相关信息来进行所要研究项目的工期估计。

③确定关键路径。在绘制网络图之前，分析确定构成项目进度管理计划的各个活动和工序之间的相互联系、相互制约和存在的逻辑关系等，并根据总时差为零的原则确定出该项目的关键路径。

④解决资源约束，识别关键链。关键链法进度管理一方面重视和关注时间约束，另一方面更加重视资源约束的情况。在这种情况下，运用合理的资源优化配置方式确定项目各个工序开始的时间，原则上要确保项目在资源约束的情况下仍然可以顺利实施。调整后的各个工序之间原则上不再存在资源约束情况，随后重新计算项目各个工序之间的相关时间参数，找出关键路径，也就是项目的最长路径。

⑤插入缓冲。通过重新对项目各个工序进行工期估计，可以知道如果剩余工作的工期比原计划的工期持续时间是缩短的，则各个活动和工序的按时完成概率也会降低，而缓冲区就是为了避免这种因为项目在实施过程中不确定性因素对项目工期的影响所设置的。项目缓冲区通常设置在关键链的尾处，这样更加方便管理人员对其进行监督和管理，从而达到项目在规定期限内完成的目标，项目缓冲区也被称为工程延误风险的预告警示钟。

缓冲区的设置不宜过小或过大。缓冲区设置过小会给项目管理人员造成巨大的心理负担，并且关键链法在这种情况下容易发生改变。缓冲区设置过大可以使项目有足够的缓冲时间，但是也会在一定程度上使得关键链法缩短项目工期的优势不能够更加鲜明地体现出来。

缓冲区的设置一般分为两部分：一部分是缓冲区位置的设置；另一部分是缓冲区大小的计算。

⑥对项目进度进行管理和控制。项目管理人员需要实时监督和管理项目的实

施和执行情况，确保项目能够按期完成。判断项目是否有序进行，若发现项目出现工期延误，认真分析是在其中哪一个工序实施中造成的，及时采取有效的补救措施，最终确保项目能够按期完成。

6. 计划评审技术

（1）计划评审技术的定义

计划评审技术（Program Evaluation and Review Technique，PERT）是指通过网络分析确定计划并对计划进行评价的技术。它可以统筹整个计划的各项任务，合理配置人员、资金、时间，保证计划完成的效率。计划评审技术可以分析项目完工的概率，从而为项目的进度计划制订和实施提供决策依据。

（2）计划评审技术的方法

根据三点估算法分别估算三个值。一是乐观时间，即在所有条件都顺利的前提下完成某项任务所需要的时间；二是最可能时间，即在一般情况下完成该项任务所需要的时间；三是悲观时间，即在最差情况下完成该项任务所需的时间。基于上述三个值，通过公式计算出活动的期望时间，再根据由乐观时间和悲观时间计算出的方差，计算项目能按时完工的概率。

计划评审技术考虑了项目在执行过程中的风险和不确定性，所得出的期望时间虽然不完全等同于实际的工作持续时间，却是在项目进度计划制订阶段所能得出的可能最接近实际情况的时间，因此，该技术在项目管理尤其是进度计划制订上有重要的意义。

7. 前锋线比较法

前锋线比较法同样是项目进度控制的常见方法，该方法主要适用于时标网络计划。在此方法中，同样需要收集项目实际运行的数据，绘制实际进度锋线，并与原进度计划锋线进行比较。进度锋线的绘制方法主要为以网络计划图坐标的检查日期为起点，利用点画线连接项目过程中各个工序的时间完成点，再将项目的实际进度锋线与进度计划锋线进行对比，如果两者相符合，则前锋线成为直线，也就证明项目实际运行进度与计划进度相符合；如果两者不相符，则前锋线将会成为一条表面凹凸不平的曲线，这就证明项目实际运行进度与计划进度不符。

8. S 曲线比较法

S 曲线比较法主要是绘制出"项目完成工作量—时间"关系曲线，时间作为横坐标，项目完成工作量作为纵坐标，整体描述各个时间点项目完成情况。同时，在项目实际运行过程中，项目管理者收集项目实际运行数据并整理汇总。在 S 曲线比较图中，将绘制两条曲线，这两条曲线分别为项目实际完成情况曲线和项目计划完成情况曲线。通过将这两条曲线绘制在统一的坐标体系中，同一时间轴中不同进度，可以直观地分析出差值，从而可以计算出项目实际运行的进度偏差值。另外，利用 S 曲线比较法，可以预测后续实际项目进度情况。

9. 因果分析图法

因果分析图法是一种分析问题、查找问题根源的方法，也可以称为"鱼骨图"法。问题的产生总会受到一些客观因素影响，我们找出这些客观因素，并将它们按相互间的关联性和重要性整理出层次分明、条理清晰的特性图，它是一种透过现象看本质的分析方法。因果分析图法分析的关键要聚集于五大施工因素，即人、机、料、法、环，依据该五大施工因素，依次找出每个因素中可能出现的原因，再对其具体深入分析，避轻就重，总结出引起问题的关键因素。

二、施工进度管理相关理论

（一）施工进度管理的特征

1. 随机性

因为建设作业施工的单体性与一次性，建设施工实际现场的控制条件和作业环境是不一而同的。它受物质资源、机器设备、环境、地下阻碍物体、人为操作作业等影响因素的作用，而上述影响因素在实行过程里没有办法明确何时、何人所为，同时也是持续改变且随机的。所以，施工进度具备随机可变性，这同时也是施工进度的重要特征。

2. 整体性

土建项目一般均可以从建筑工程投资项目、单位项目工程、单项项目工程、分项分部项目工程、项目施工作业流程等分别展开分解和细致化，进而组成建筑工程投资项目的总体体系。建筑工程投资项目能够以项目、子项目、总发展目标和分发展目标的方式，来展开计划、组织、协调管理，并且能够按照项目的庞杂性、项目总体规模大小、项目工程综合管理需要等，产生多层级的项目工程建设投资施工的策划系统。

3. 协调管理性

建筑施工过程中，由各类组织运营管理机构聚集而形成的实际现场顺序流程是高度实时动态改变的，工作者组织计划安排和分布状态、物质材料提供和分布状态、施工平面和空间状态、施工项目的资金提供和周转流通、施工建设专业技术工艺需求和分布状态，均会位于交叉作业过程中，不同施工活动相互之间纵横交叉。所以要求高水准、高工作效率的实时动态过程施工组织和协调管理，成立优良的协调管理，充分保障施工平稳、有条理地展开。

4. 持续性和周期性

土建项目工程具备工作环境恶劣、地点流通性强、项目建设施工周期时间长等特征。因此，项目施工作业流程一般根据主要关键控制节点区分为不同阶段。所以，项目工程进度的综合管控应当落实好全方面、总体流程、全体工作人员的预备任务，以充分保障同时间分布段内，每一个运行工作和时期之间的工作都具备持续性，进而保障全项目施工作业流程的持续性和高效性。

（二）施工进度管理的内容

场地有限、资源有限、人员有限，资金有限，一个大型工程项目不可能全面开工，必须有一个科学合理的进度管理计划。进度管理的前提是将工程进度拆分成若干个可以单独完成的单元，把它们当作一个个独立的小工程来按时完成，按照统筹，调配人员物资、强化分进度管理、提高效率，对每一个小目标进行严格的管理，确保质量和效率。项目的拆分需要照顾工程整体进度、资源调配和人员安排，然后再用科学的方法整合起来，形成一个整体，用工、用料、用人、局部验收等做到按部就班、严丝合缝。

进度管理需要关注下列几个方面：项目的细分、建设顺序安排、各部工期测算、计划中的各项进度、监督和控制等。

1. 项目的细分

施工进度管理中，项目细分是关键，需要仔细规划好整个项目过程中的物资调配和人员管理。项目的拆分需要考虑各个部分之间的关联性，人员进出、物资进入、废料出场等都需要平稳衔接，这样才能便于控制，掌握每一个部分的工期和质量，从而让整体项目周期得到有效控制。工程项目管理有科学和成功的拆分经验模板可供使用，结合工程项目的特点，可以灵活添加。

2. 建设顺序安排

项目的各部分确立之后，就要根据项目性质，确定每个分项目的运作关系，有的可以同时进行，有的只能先后进行，必须制订出一个完整的计划路线图，一般操作就是根据工程的性质，将每个部分按照时间顺序，用图示法标注好工序，箭头指向就是人员和物资的流向，需要各部门协调配合，从而形成一个富有层次的项目总体施工网络图。

3. 各部工期测算

时间安排是项目管理的主线，经过拆分的工程项目形成多个独立单元，每个单元都涉及物资、人员、起讫时间，项目工程的各项预算就是根据这些才能够进行下去，同时这些也是估算工作量的基础，还要预备应急响应时间余量。项目完成后，有关部门要根据当初的估算表，对整个工程数据作比较，并形成最终报表，存档备查。

4. 计划中的各项进度

进度计划的制订是项目管理的最重要部分，关系到工程开工后的各项资源安排、人员调度、资金占用、需要有一个周密的计划表，主要就是列出各部分的时间衔接计划。这个进度计划表的制订是一个长期过程，根据新的情况做出必要的调整，需要有经验的计划编列团队认真考察、科学制订，同时要照顾多方面因素，如竣工图表、项目总体和分部的工期、材料预算、过程管理和风险防控预案等。

5. 监督和控制

施工各阶段的监督是掌握工程动态的重要手段，需要及时将各方面的信息汇总并分析，掌握工程实时动态，可以对后续项目提前做出安排，也给工程的风险防控留有足够的时间。项目进行过程中意外必然会发生，需要监控部门根据各部门的反馈信息做出分析和预判，一旦出现风险预警，可以立即启动防控预案，做出补救行为，防止事态扩大，减少经济损失。

大型工程项目，各种干扰因素不断出现，随时会对施工进展造成巨大影响，我们必须时刻注意各种因素与计划列表的时间进度的偏差，如果偏差严重，很可能会中断全部或者部分工程的进展，唯一能做的就是密切注视这种动态，按时跟踪和排查项目的每一步进展，发现偏差，立即寻找问题的关键因素，加以整改，尽一切力量，保证工程的整体进度，这是一项非常烦琐的任务，具备极高的责任心和耐心的人才能够胜任。

三、施工进度管理存在的问题

（一）进度管理意识偏移

建筑工程对一个城市的发展和建设具有举足轻重的地位，反映了一个地区的总体形象，许多施工单位盲目追逐工期与进度，从而忽视了施工质量，这样会破坏施工计划标准，出现较多违规施工的现象，最终引发工程质量问题，造成不应有的损失。许多建筑企业为了追求更大的经济效益而盲目进行工程建设，忽视了工程的社会效益，缺少社会责任感。

（二）管理计划不够合理

从宏观和微观两个层面来说，建筑工程项目的进度管理问题与建设计划的制订密切相关。工程项目的实施需要有一个科学的项目规划来指导和支持，但如果项目建设的时间安排不合理，工程项目的实施就会产生很大的偏差，从而使项目的整体进度管理工作陷入混乱。然而，由于建设项目的规模和工作的复杂性，前期的建设和规划工作变得更加困难，许多规划者往往会表现出随意性、理想化，不注意现场施工的制约因素，制订的施工计划缺乏可行性，对整体工程量的估计存在较大的误差，从而会严重地影响以后的施工进度和管理工作。

（三）安全监督管理缺失

安全监督管理在建筑工程的管理中具有举足轻重的作用，它既可以保证工人的人身安全，又可以加强工程质量，提高工程建设的效益。然而，就目前的工程安全监管工作来看，监理人对监理工作没有明确的目标和原则，只把自己的工作重点放在了工程的验收阶段，而忽视了最重要的现场施工管理环节。因此，安全监督管理部门很难发挥其安全监督功能，不能保证工程质量，不能有效地控制施工中的违章作业，在很大程度上影响了工程的安全运行。如果监理方不及时整改，仅注重竣工验收，则会加大施工环节的安全风险和管理难度，同时，由于缺乏全面安全监管，施工人员难以发现项目设计、施工等环节的安全问题，容易出现安全事故，延误工期。

（四）质量管理把控不严

目前，一些从事工程质量管理工作的人员缺乏专业知识，致使施工项目整体管理工作陷入一片混乱之中，无法提高工程质量。一些工程监理人员的综合素质有限，难以及时发现施工过程中存在的问题和安全隐患，导致施工材料、设备等存在使用不规范，甚至存在偷工减料的情况，严重扰乱正常施工秩序，还会影响施工质量，导致项目一再返工，进度延迟。具有丰富经验和高水平的技术经理，能够在工程建设中及时发现不符合规范和存在安全风险的隐患，从而降低工程的返工率。

第二节　影响施工进度管理的因素

施工进度管理的影响因素各不相同，尤其是一些复杂的大型工程项目，工期长，影响因素多，如组织因素、人为因素、材料和设备因素、资金因素、技术因素、环境因素、设计因素等。计划的编制和执行必须充分评估这些影响因素，才能降低其影响，确保计划顺利施行。

一、组织因素

工程规模大、建设地点分布较分散、人力资源不足等原因，限制了工程的圆满完成。在前期的各种准备工作中，施工技术人员、机械设备、材料等不能按时到位，在施工过程中不能把握好生产过程中的关键环节，就会导致工程运行不畅、工作不饱和、效率低，不能保证阶段性工期目标的实现。需要严格按操作规程进行组织和管理，并对各个部门的工作和人员进行分工，确保指令的畅通和令行禁止。建立完善的组织结构，选择具有类似工程经验的工程经理；选择具有长期合作经验的优秀劳务队伍来组织施工，对项目进行全盘规划，有效组织、管理、协调，有效控制，提前制订分包计划，加强与分包单位的协调和合作，确保项目的决策、管理层和劳务人员的高素质和高效率，从组织上保证工期目标的实现。

二、人为因素

在施工进度管理中，人是最重要的影响因素。如果项目负责人的能力不强、经验不足、缺少计划管控、缺少组织协调意识，项目部各部门之间也不进行沟通交流，就会造成人力资源配置不平衡、信息不通畅，必然会对施工进度产生影响，导致工期延误。

三、材料和设备因素

在施工进度管理的过程中，如果急需的材料、机具和设备因采购供应困难，或者供货方不能如期供货，或者因质量等问题返修误期等原因，都会对施工进度产生不利影响，导致工期延误，影响项目的正常运转。

四、资金因素

由于建筑工程项目涉及的范围很广，在启动和施工阶段都会有大量的资金投入，而建筑工程项目的基础就是要有足够的资金。如果在施工中资金不足，将会影响后续材料的购置，影响工人的工资发放，导致建筑工程停工、断料、工期拖延，降低工程质量。所以，项目管理人员要把资金的管理和调配融入进度管理中，合理安排资金，保证物资的及时到位，从而保证建筑工程项目的顺利进行。

五、技术因素

施工单位采用的技术方案与现场具体情况不匹配、应用"新工艺、新材料、新技术、新设备"不当、不满足施工质量要求等因素都会对施工进度产生影响。流水施工组织不当、劳动力和资源配置不合理、施工图纸不具体等都将影响施工进度计划的顺利实施。

六、环境因素

建筑工程实际地质条件与勘查地质报告有偏差，如岩石分界、地下管线、地下水位、软弱地基、地下不明物等都将影响建筑工程的顺利进行。突发因素，如雨雪天气、高温、大风、严寒、洪水和征迁等也会造成临时停工或破坏，对施工进度产生不利影响。

七、设计因素

在建筑工程实施的过程中，如果设计者随意更改工程图纸，将导致工程停工、误工，设计者要做好前期的调研和论证工作，尽可能地搜集到全面、精确的工程数据，以便对工程有一个全面的认识，尽量避免工程中的设计变更造成工人停工或返工，增加建设成本，耽误施工进度。为了保证设计的科学性和合理性，施工单位必须选用具有相应资质的设计机构。同时，加强对工程图纸的审查，及时发现问题，并采取相应的改进措施，提高建筑工程的质量。

第三节　基于 BIM 技术的施工进度管理应用

一、BIM 技术在施工进度管理中的优势

（一）资源共享

利用 BIM 技术可以收集项目建设中所有参与方的信息，并汇总相关的数据，

构建信息模型，在此基础上搭建信息的共享平台，使信息传递与共享成为可能，为进度管理提供切实依据。同时，BIM 技术可以将进度管理与单位模型相联系，预先模拟施工现场各环节场景，在此过程中及时发现施工过程中进度管理存在的不足，从而组织相关人员及时进行改进和纠正。改进后再次采用 BIM 技术模拟施工现场，检验改进效果，这说明基于 BIM 技术的施工进度管理具有循环性，可在模拟的工程项目建设管理流程与施工进度规划达到高度契合后，最终形成更为完整、合理的施工进度计划。

（二）计算工程量

施工进度管理的基础是工程量计算，但是此项工作复杂烦琐，利用 BIM 技术的可视化功能，不仅能够提高计算的精确性，而且能使计算速度得到空前的提升，进而降低施工的强度。在传统的施工方法下，相关人员一般采用施工平面图开展各项施工作业，尽管平面图的导向性较强，但较难完整、清晰地展示工程项目的总体情况，一旦忽略项目自身的建设特征，可能无法兼顾全面，从而制约部分施工流程以及环节，影响施工的正常进度。将 BIM 技术融入施工进度管理中，可绘制三维甚至是四维图像，施工人员凭借可视化的施工图可全面掌握工程项目总体特点和施工各个阶段的情况，保证整个工程量计算更加精确。

（三）减少设计错误

三维模型是 BIM 技术发挥优势的核心，可将属性信息与之紧密联系，从而有效降低设计失误。例如，二维设计中一旦出现错误，后续更改牵一发而动全身，而 BIM 技术的三维设计可整合多个模型信息模拟施工降低修正成本。不仅如此，在建设项目开展施工组织时，参与设计的部门较多，一些项目建筑部门、监管部门也会参与其中，BIM 技术的应用可实现多方之间的信息交流和资源共享，并且由于 BIM 技术具有协同性，可收集和分析参与项目建设的各方意见、建议，方便各方获得施工进度、施工技术参数。

二、BIM 技术在施工进度管理中的运用

（一）BIM 技术在施工进度管理中运用的意义

其一，BIM 技术的应用在确保施工有序展开的同时，也使施工质量满足相关标准，工程造价和进度也能得到有效控制；其二，相关工作人员的业务能力有所提升，工程造价更加合理，这就为工程造价全过程和精细化管控提供了有利

条件，施工单位的效益也得到了一定保障；其三，在施工进度管理中应用 BIM 技术时，可以借助其自身特点，并结合项目实际施工情况建立与之相匹配的 3D 立体模型，从而实现项目设计时期设计图纸的可视化，便于设计人员及时发现设计图中的不足之处，然后通过在模型中完善设计方案，最终选择切实可行的优化方案，降低了因图纸设计存在问题而造成施工事故的概率。

（二）BIM 技术在施工进度管理中的运用研究

1. 组织架构

将 BIM 技术与建筑工程施工进度管理工作相融合，对 BIM 组织架构进行确定，结合项目的施工需要，构建更加先进的进度管理系统，充分利用信息化技术，打造具有 BIM 多端集成云技术特点的管理平台。在此过程中，要对项目施工现场相关信息以及数据进行收集、整理，并采用即时通信系统搭建项目施工平台，实现信息和资源的共享，满足分析、查询等常规工作的需要。基于 BIM 技术的组织架构与需要对项目施工的配置进行定义，包括软件配置、硬件配置、人员配置等，对 BIM 实施流程进行明确，从而为施工进度管理提供更多的技术保障。通常情况下，BIM 组织架构中也采用与传统项目管理模式类似的总工负责制，包括 BIM 总负责人、BIM 建模组、BIM 技术应用组、BIM 系统维护组等，每个小组各司其职、协调运作，保证施工进度管理的规划与具体实施方案能够真正落地，从而保证建设项目进度管理组织架构健全、完善。

2. 决策阶段

利用 BIM 技术协助预算编制工作，这得益于 BIM 技术具有参数化特征，可提取既往相似工程资料及信息，构建数据模型，然后计算新项目的工程量，便于项目的建设。基于 BIM 技术构建相应的算量软件，可对项目决策阶段产生重要作用，使编制更加高效、便捷。

除此之外，依托 BIM 技术算量下的估算编制也更加准确，能够为决策者提供精度较高的估算结果，使项目决策时间得到优化，节省更多成本，为后续进度控制奠定基础。通过上述比较能够发现，对于决策阶段进度管理而言，传统模式和 BIM 进度管理模式在流程上具有显著差异，因而所发挥的效率自然也不同。

3. 施工阶段

在 BIM 技术的指导下，可实现施工阶段的数字化进度管理。建筑企业开展施工进度控制，是组织施工活动的基础，通过良好的质量与进度控制，能够及时掌握施工总体情况，为获得更多的社会以及经济效益创造可能。随着信息技术的不断应用，建筑企业施工活动中融入更多信息技术和智能化管理，不仅显著提升了施工质量和进度管理数据的收集和整合效率，也为施工管理决策提供了更加准确的依据。在信息技术的影响下，施工质量与进度控制的最初功能与定位优势逐渐被弱化，需要对其进行重新定位，只有这样，才能切实提高信息管理水平。应转移功能定位，打造综合化质量管理一体化平台。在具体实施的过程中，强调线上与线下功能相结合，但要注意不能完全将关注点放在线上，而忽视施工现场自身在空间上的限制。同时，也不能过分专注于线下管理，而忽略对线上管理的探索。积极了解目前建筑领域的发展需求，构建更为多样化的"空间"与"版块"，制订合理的施工管理方案并加以落实，促进施工质量和进度控制效果提升。

4. 竣工阶段

验收阶段也需要进行相应的进度管理，因为该阶段管理质量与管理效率直接关系到施工单位的经济效益，同时也关系到业主自身的利益。通常来讲，在建设项目各项施工流程结束后，要及时组织开展竣工验收工作。传统验收模式不仅工作量大，而且可能存在一定疏忽或遗漏，将 BIM 技术引入竣工验收工作中，能够最大限度地提高结算的精确性和合理性。BIM 技术的几何属性、物理属性能够确保竣工验收和结算阶段各方信息交流的通畅，从而提升验收、结算效率，降低时间成本支出。例如，利用三维模型对建筑信息模型与实际工程施工情况进行对比，并对模型中的数据进行相应处理，从而提高项目验收效率，有效降低各方在验收阶段投入的各项成本。

三、施工进度管理优化实施保障

（一）组织保障

1. 引进专业人才

随着各专业技术的不断革新，建设信息化的发展，团队需要不断注入新鲜的血液，与时俱进，更好地完成工作。管理团队中，大部分的人员是学习土建专业的，在本专业方面，有着充足的知识和经验，但是缺乏机电方面的知识，企业也没有及时进行相关人员的补充，在遇到专业性较强的问题时，没有办法及时解决，影响施工进度的正常推进。

2. 配足、配强技术人员

①按照项目实施的要求策划和组织并成立项目部，项目部成员都要具备丰富的施工管理经验。

②基层施工者选用娴熟的技能员工，施工员和班级负责人选用具有丰富施工经验和相应管理协调能力的管理人员。

③按照具体的技术标准规定施工方案和质量标准，对主要工序制订了详尽的施工方案、作业细则和注意事项，具体工作落实到人。

④对技术人员和职工定期、定时地开展各种培训，以提升整体技能。

⑤在施工前对各个位置的施工，进行现场模拟，录制正确操作的施工视频，在工人现场施工时，循环播放和讲解施工要点，确保工人能有效了解施工要求。

⑥现场管理人员，每隔半小时巡视场地一次，及时监督现场施工人员的进度以及作业方法的正确性，手机录视频发到群组中，以备高层检查。

⑦现场巡视发现问题或者安全风险，及时拍照上报给团队。

3. 加强企业文化建设

企业的文化就如同一个人的灵魂一样，它能够体现一个企业的特殊性，对推动企业的持续发展有着重要作用。好的企业文化应该是正向、积极向上的，员工都应具有很强的使命感、责任感、集体荣誉感。所以，要在平时的管理中加强企业文化方面的建设，在工作之余，企业通过举办一些趣味活动促进员工之间的沟通交流，增进彼此之间的感情，拉近领导与员工的距离，并使领导能够更全面地了解员工，使团队更加和谐、团结。

同样，要注重对员工的行为管理，严格按照企业的行为管理规定进行行为管理，如禁止迟到早退、上班时间打游戏、私自外出等，若违反相关规定则会受到相应的处罚。尽管上述问题是小问题，但是影响着整体的工作氛围，如果不注重员工的行为管理，员工对于工作的态度不端正，那么整个企业的工作氛围也会是懒散的、消极的，企业形象也不会是正面的，所以应加强精神文明建设，使整个企业是一个积极、正面的形象。

4. 形成高效的沟通机制

项目目标确定后团队开始工作，有些工作是同时施工、相互配合的，需要保持进度一致，信息的传递在整个团队内应该畅通，特别是在关键工序上需要同时完成，互相之间有工作关联的同事应该加强沟通交流，在发现问题时需要及时提出，防止造成时间上的浪费。因此团队负责人要保证每天固定时间组织大家进行沟通，并了解工作的进度情况，让大家养成好习惯，使效率得到提升。

在项目实施过程中，监理单位人员负责现场监督检查，一旦出现问题及时传达给业主现场代表，由业主代表把问题汇报给项目指挥部，项目指挥部领导与施工单位项目经理及设计单位设计代表共同探讨问题原因，然后提出解决措施，监理单位负责传达现场施工人员解决方案，继续施工，保障工程顺利实施。

（二）质量管理保障

质量管理是工程进度能否按计划实施的重要影响因素。通过建立质量管理体系，以及制定相应质量管理保障措施，可以有效地确保工程质量，降低因质量问题造成的返工或停工情况出现的频率，进而保障工程进度能够按计划实施。

1. 建立质量管理体系

质量管理体系的确立，由施工单位的项目经理担任总负责人，并由各相关管理部门及各作业队负责人组成。由建设单位的项目经理担任小组组长，由施工单位的项目经理担任小组副组长，根据项目规模配置一定数量的质量员，形成了"现场质量员—技术负责人员—项目经理"分级进行质量监督的质量管理体系。造价部门则通过控制材料采购计划、工程的预算及决算、合同管理以及项目资金的成本控制，间接对工程的质量进行控制。材料员则可以通过对机械设备、材料、半成品的质量控制，来保障工程的质量。建立质量管理体系，保障工程实施的质量，可以很好地辅助施工进度管理，同时为施工进度管理优化的实施提供保障。

2. 质量管理具体措施

质量控制的关键是对影响工程质量因素的控制。通过制定人员、机械设备、材料及半成品、施工技术等方面的质量管理相关措施，来保障质量管理工作的进行，进而保障建筑工程的施工质量及进度。

（1）对人员的控制

根据管理岗位的性质和特点，选择性地安排有一定学历、有丰富项目管理经验、有一定专长、有较强工作责任心、积极主动的管理人员。对于特殊工种的施工人员，如电工、架工、混凝土工、机械工、电焊工等，必须按规定取得相关证件后才可以上岗。

（2）机械设备的质量控制

无论机械设备是自有的，还是租赁的，只有通过相关检验、达到施工所要求的标准，并且经过监理工程师认可才能进入施工现场。任何特种起重设备，无论是新购买的还是租赁的，或是自有设备转场的，均要有设备出厂的合格证，同时随机资料也应是齐全的。在特种设备进场安装前，要向监理工程师以及所在地的技术监督部门进行申报，并且只有具备安装资格的单位才能负责设备的安装工作。在设备进行安装前，安装的方案一定要通过相应的审批。在相关验收合格后，技术监督部门会颁发特种设备的准用证，获得准用证后才能够使用设备。应按照合同及设计图纸要求，进行机械设备的接收验证，不仅要核对机械设备的数量、规格型号，还要检查随机备品配件以及技术资料、专用工具等，并检查外观质量，最后按要求办理移交手续。当设备出现质量不符合规定或损坏、缺件等情况时，在做好记录后上报给供货方，并进行及时处理。设备在验收合格后要做好保护工作，并在设备上做好标识，避免发生设备被误用或保存不当对设备造成损害的情况。

（3）材料及半成品的质量控制

对材料以及半成品的质量控制，应按照采购控制程序分类进行。在采购 A 类、B 类材料前，要对供货方进行全面的评估，评估可通过对供货方质量保证体系的建立情况、生产能力、供应能力、材料的质量、企业信誉度等方面进行评价的方式进行，经评估合格的供货方才可以列入供货方名单。C 类材料的供货方，同样应根据多个供货方的对比结果来确定。在加强对于材料供货方选择的同时，同样要强化物资的进场管理。进货验收主要需要完成检查材料及半成品外观、校对尺寸等工作，验收人员必须有项目经理部的授权。不得采购或验收不能出具出厂合格证或质量证明的材料、成品及半成品。对于材料进场要严格执行检验制度，与材料采购计划进行比对，复核材料的规格及名称、材料型号及数量、合格证、检测报告等。对于比较特殊或单价较高的材料的验收，需要项目负责人、技术负责人、材料管理人员一起完成验收工作。在材料进入施工现场后，根据材料自身的特性及生产商的要求安排堆放。易受潮产生变形或变质的材料，要做到上盖下垫。具有易燃易爆性质的材料则需要单独进行堆放，并且存放要符合消防安全的相关要求。负责管理材料的工作人员要建立材料收发及保存的台账，及时收集与材料材质相关的证明资料、产品的合格证等，进行整理并留存，并且需要依照相关规范的规定，对材料进行复检、抽检以及见证取样，在取得内容符合合格证及规范要求的复检报告后，才能够使用。自制的材料及半成品，未经检验合格的，不允许出厂，也不允许在工程中使用。

（4）施工过程中的质量防控

施工过程中组织质检人员定期跟踪检查质量问题及存在的隐患。对于已发生的质量问题，要求相关参与人员持续完善、持续加强、持续改进，并将该处列为重点观察对象，加强监督检查力度。对于质量事故必须严格把控，原因不明则坚决不能搁置。对于检查中发现的问题或隐患，责令整改和上报处理情况，特别严重时，必须要求停工整顿。

对于复杂工艺或者有施工安全隐患的地方，做好质量策划工作，并将策划方案提交项目相关领导批准。关键工作要有相应的质量预先控制措施，以防在关键工作中发生质量问题。

加强对机械设备的质量防控——优良的设备是优良的可交付成果的前提；加强对施工材料的质量把控——施工材料是可交付成果的重要组成部分，它的优劣直接决定交付成果的优劣。

（三）技术保障

1.组成技术专家组

精确制订施工技术方案，确保施工技术助力施工进度加快。针对项目特点优化技术方案，提高技术方案的可行性、实操性，利用总包方中铁建设等央企的专业技术队伍，管理各分包单位，使各专业分包技术力量大大加强。设立技术交底制度，确保设计、工程、成本、施工单位各个部门间的信息对称，对于每道工序，每个工作环节均清晰工艺和做法，对于采用的新技术、新工艺要对各专业队伍进行现场培训。向技术要效益、要产能。

2.加强设计变更管理

设计变更是指在初步设计开始到竣工验收完成期间内，对于相关技术设计文件以及施工图等文件在内容上进行一定的修改、完善以及优化。由于现场条件变化、设计纰漏、材料设备调整、工序或工艺改变等原因，在项目进行中会出现设计变更。设计变更会导致项目暂停施工或是对已完成的工作进行返工重建，对施工进度产生不良影响。在项目开始前，应对相关设计文件进行严格审查，核对设计文件的规范性，降低出现设计变更的概率。从设计变更的申请到相关审批流程，直至最后的设计变更文件的形成，都要按照相关的流程标准进行，并且设计变更文件的格式也要有一定的标准。

3. 合理选择施工方案

合理选择施工方案是项目成功建设的关键，先进、经济合理的施工方案有利于实现工期目标及费用目标。所以，在项目开始前的方案研讨会上，要对方案进行充分讨论、比选，并配合制定行之有效的技术措施，使施工方案得到进一步的细化。

在施工方法的选择上，应用各项新技术前要进行广泛的调研和检查，并结合以往的工程经验，选择更利于本项目施工进度、最大限度缩短作业时间的施工技术，使施工方案更具针对性。在施工机械的选择上，选择工作效率更高的施工设备，施工效率加快的同时，施工所需的劳动力、机械及材料的周转达到最优搭配。施工工序的确定与施工区域的划分要规范、恰当，这样才能保证施工能够按照计划进行。

4. 加强技术交底

根据施工设计图纸及设计说明、施工的技术规范、相关质量标准及工艺的要求对具体施工人员在施工的技术方面进行说明，这就是技术交底。设计单位在施工开始前要向建设管理单位、总承包单位及各分包单位阐明设计的意图。项目动工前，总承包单位应完成对各分包单位的技术交底工作，阐述施工的方法、相关的施工规范、质量标准以及工艺要求。

结合项目特点以及设计图纸、项目相关的施工技术规范、工艺标准，技术部门的总工要与技术管理人员进行交底，并制定管理手册，使现场的施工规范地进行。劳务作业分包单位、专业分包单位进入施工现场以后，要与技术管理人员完成对各施工班组的交底工作，并在施工方法和技术方面加以沟通。在交底工作完成之后，要形成书面材料，各方签字确认，完成交底工作并留存相关材料。依据交底技术资料指导作业，可以确保在施工技术方面不出现问题。

（四）经济保障

项目进行中的每一个环节都离不开资金，无论是项目的立项、施工图的设计，还是施工中的人工以及材料设备的采购等，任何一个环节都不能缺少资金的支持，经济保障是施工进度保障的重要部分。资金规划应按照建设单位的成本计划以及施工进度计划来进行相应的规划，以确保施工进度目标能够实现。

1. 加强资金管理

（1）加强资金控制

施工项目应有独立的资金账户，并且专款专用。根据合同中的规定，施工单位应对每个月施工单位上报的当月所完成的工程量进行核算，并及时完成相关的审核工作，支付每月的进度款。施工单位应提前对项目月度支出进行合理测算，并合理安排资金的使用，根据项目实际的进度情况随时进行调整优化。下月的资金支出计划需要成本部门在每月月底前提交，经过经理以及财务部门的审批后才可以进行资金划拨。

（2）做好资金的筹措、管理工作

合理使用企业的自有资金及银行的贷款等，优先倾斜于工程中所急需的工程材料款、人工费等，保证项目资金充足。财务部门应做好资金管理相关工作，实时掌握资金的分配情况以及使用情况，并进行监督和管理。协调好参建各方的资金收付等事项。做好项目的资金管理，可以使施工进度管理的优化得以实现。

2.机械设备、材料采购的成本控制

建设项目中，机械设备、材料占用了成本的很大一部分，同时对施工质量有很大影响。要随时关注材料价格的变化，进行资金的调配，保证资金充足，以确保机械设备、材料能够进场，保证施工现场有足够的机械设备和充足的物资以便应对施工过程中出现变化的情况，进而保障施工进度的实施。

同时，要加强对采购过程的监管。随时关注材料价格的变化，认真执行询价制度，在进行最终采购前，对比材料、设备的价格以及质量，做到在保证机械设备、材料质量的同时，使成本最低。

第五章　施工质量管理 BIM 技术应用

BIM 技术既是建筑施工质量管理信息化的重要手段，也是保证建筑施工质量的重要方式。在建筑施工中运用 BIM 技术，可实现施工信息管理的信息化和集成管理，对施工进行全面记录。除此之外，还可以利用 BIM 技术进行虚拟施工，提前排查工程隐患。本章分为施工质量管理概述、影响施工质量管理的因素、基于 BIM 技术的施工质量管理应用三部分。

第一节　施工质量管理概述

一、质量管理概述

（一）质量管理的概念

关于质量的定义有很多，人们因为生活阅历不同、工作内容不同等，对质量的理解也都不甚相同。美国质量管理专家约瑟夫·朱兰（Joseph Juran）对质量的定义为：质量，就是使用的合适程度或者顾客的满意程度。美国俄亥俄州立大学机械工程学鲍益新博士认为"质量就是使用者对东西是好还是差的感受"，衣食住行这些与生活息息相关的事物的质量是有形的，但仍然还有很多事物的质量是无形的，如音乐、电影、空气等。

ISO 9000 当中对质量的定义是：一组固有特性满足要求的程度。其中包括以下内容：质量的主体是产品、体系、项目或过程，质量的客体是顾客和其他相关方。质量的关注点是固有的特性，而不是赋予的特性。质量是满足要求的程度，质量要求不是固定不变的。

有关质量管理的相关概念，学术界给出了不同的定义，对于其概念以及标准在各领域之间也有所不同。在 ISO 9000 标准里对质量管理的定义是，一种特殊的、有固定属性达到标准的程度，即质量有着时效性、广泛性、经济性等固定特性，并且能够体现产品生产过程的互相融合，利用一些方法体现客户的需求。ISO 8402 标准里关于质量管理的定义是，在质量体系中通过相关的措施以及手段来实施的全部管理职能的所有活动，即制定和实施质量方针的全部管理职能。其中包含管理当中的"组织、计划、控制以及协调"这四部分职能，实施质量管理要考虑一些其他影响因素，其中有相关性、横向、纵向和经济因素等。

时代在进步，人类在生产方面的实践日趋成熟，对于质量管理的概念各有见解，使得质量管理相关概念不仅向多元化发展，并且有互相结合的趋势。质量管理当中有着各种不同的管理内容，质量管理的目的是提升产品质量，并且以此为基础进行质量检验、控制以及反馈等相关工作。质量管理主要有质量方针、质量策划、质量保证和质量目标这四个部分。

1. 质量方针

质量方针是组织总方针中最重要的一部分，它不仅是核心指导，还是组织的经营理念，对于质量方针，要求其简单精准。质量方针在企业经营当中必须具备稳定性以及权威性，要确保其和投资、人力等企业各个方面的内容相互结合。质量方针必须和企业总方针的战略方向一致才能够发挥价值，因此在制定质量方针时必须考虑企业的实际经营状况。

2. 质量策划

质量策划包括以下几个方面内容：①向有关部门提交有关质量方针和目标的相关建议；②注重质量控制，质量控制存在于生产的整个流程，是为了保证产品质量，提高质量水平，从而满足客户需求所采用的一些手段和方法；③在质量管理当中，质量改进是不可或缺的。质量改进是指在发现产品质量存在问题时，查找出原因的同时及时补救，处理好影响质量问题的因素，做到及时发现、及时解决。

3. 质量保证

对于质量保证，ISO 8402 给出的定义是，确保产品或服务的质量能够满足顾客的需求，在质量体系内实施并按需要进行的有计划和有系统的行动。质量保证说明，能够获得客户信任是实现质量目标的最低标准。质量保证有外部质量保证以及内部质量保证两个方面，满足客户或第三方用户等的信任需求以及提升企业的信任度是质量保证的核心理念。

4. 质量目标

质量目标是指在质量这一方面达到应有的标准，不仅是产品，在服务方面同样如此。一般需要按照质量方针确定质量目标，并且要根据有关部门的职责和层次确定对应的质量目标。将质量目标作为组织的整体性目标，能够更好地掌握组织各个部门的工作进度。

根据以上内容可知，为保证质量目标的确定以及实现，质量管理是很有必要的。企业如果想利用产品质量突破市场，需要制订科学的质量管理计划和适合企业的质量目标，同时要建立完善的质量管理体系确保计划和目标的达成，如此才能够保证质量，确保质量管理可以按照之前的计划进行。

（二）质量管理的原则

对建设项目质量进行管理的目的是通过一系列的活动使项目的建设结果符合业主方的预期及国家的规定，满足消费者的消费需求。由于建设工程一般具有建设周期长、建设流程复杂、危险系数较高、专业性较强等特性，且参建部门与参建人员众多，所以对建设项目的质量进行管理时要注重以下四项基本原则。

1. 领导作用原则

企业会有自己独特的企业文化、企业理念等，这需要领导者进行引导，使内部的工作人员对项目价值能够充分认可，并在工作的过程中，能够以此来要求自己。

2. 全员参与原则

项目质量管理包括项目全部步骤的管理，因此需要全员参与，项目建设的过程中，每个人的行为都会对工程质量产生影响，只有实现全员参与，才能够保障工程项目的质量。

3. 过程管理原则

要注重线性管理而不是点化管理，项目的每个环节从开始到结束都应该加以覆盖，而不是只在某一个节点施加控制。开展质量经营活动，必须识别过程，对项目实施的设计、采购、施工进行全过程管理，才能够更高效地获得预期成果。

4. 系统管理原则

质量管理工作的开展应注重对全局的把握，不应遗漏系统中的任一环节。针对工作中存在的质量问题，要从源头进行梳理，系统地分析每个相关联的环节、部门的工作欠缺，对症下药，使项目更好地运行。

（三）质量管理的内容

质量管理一般是针对产品的整个生命周期而言的，产品的立项、研发、试产和销售都贯穿着质量管理，主要包括以下内容。

1. 来料质量管理

供方物料的优劣决定了加工产品的优劣，因此很多企业都会设置供应商质量工程师（Supplier Quality Engineer，SQE）和来料质量控制（Incoming Quality Control，IQC）这样的岗位去管理供应商的物料品质情况，通过对来料的抽检或者全检，可以区分出合格品和不合格品，以便对不良品进行隔离区分，输送良品至生产线以供装配、测试。

2. 过程质量管理

在产品的生产过程中，过程质量管理不可或缺，它决定着客户手中产品的质量水平。在生产制造过程中，一般会配置产品质量工程师（Process Quality Engineer，PQE）和过程质量控制（Input Process Quality Control，IPQC）这样的岗位去管控产品的质量。一般会运用 4M（Man，Machine，Material，Method）和 1E（Environment）这五要素法则进行过程质量管理，这就是人们通常所说的"人机料法环"。

3. 成品质量管理

已经通过所有生产测试的产品称为成品。针对成品品质检查，大部分企业会配置出货检验（Final Quality Control，FQC）这样的岗位对成品进行抽查检验，进行再测试，甚至会拆下零部件再次检查，对产品进行循环品质管理。

4. 出货质量管理

为了防止不合格产品流出，减少客户投诉，大部分企业会配置出货检验（Outgoing Quality Control，OQC）这样的岗位对已入仓成品进行抽样检查。

5. 售后质量管理

对于售后的产品质量管理，会有专门的人员负责跟踪，去处理客户投诉，从而将不良产品的产生和流出原因、改善行动反馈至生产前期，避免重复出现异常，提升质量水平。

（四）质量管理的实施工具

质量管理主要通过数据的收集、汇总和分析，找到项目开展中质量问题产生的原因，常用的分析工具主要有以下 9 种。

1. 排列法

排列分析法又名巴雷特图法或者主次分析图法。将需要改进的项目质量要求按从最重要的到最次要的顺序进行排列，形成简单的图示。在图示中，构成的元素包括横坐标一个、纵坐标两个、一条曲线以及多个直方图。排列法的作用是从图示中找到影响项目质量的主要问题和因素，识别质量问题并提高质量。

2. 层别法

层别法又称为分类法，是一种比较分析方法，将原始的数据根据目的的不同进行整理，分成不同的类别，数据分类的原则是让层与层之间的差别尽可能大，但要保证在同一层的数据中，差别要尽量小，以此起到分类汇总的作用。

3. 鱼骨图法

鱼骨图又称为因果分析图、石川图或 why-why 分析图，该分析方法是以最终的结果作为判断依据，以问题的原因为因素，用箭头的方式将直接的关系连接起来，用来展示原因和结果之间的关系，将问题产生的原因拆解为发散的分支，并将问题识别简单化，发现问题的根本原因，找出质量缺陷。同时，在运用鱼骨图时需要集思广益，找到导致缺陷的原因，根据不同的特性，将有关联的联系到一起，最终得到多个大类的问题原因分析和多个小类的问题原因分析，形成最终的鱼骨图。

4. 检查表分析法

检查表分析法需要先进行数据收集，包括数字数据和非数字数据，对收集到的各类数据进行归纳整理并进行分析，形成图表。检查表分析法的目的主要有三点：一是记录原始的数据，形成报告；二是指导发现问题并对问题产生的原因进行调查；三是有利于进行日常巡检，如软件项目中的每日巡检。

5. 散布图分析法

散布图分析法又称为相关图分析法，是用来研究两个变量之间是否存在相关性的。在分析质量问题产生的原因时，通常会有不同质量变量之间的不同关系，而变量之间的关系是未知的，同样也不能通过某个变量的数值来计算出其他变量的数值，这种不确定的关系叫作非确定性关系。而散布图的功能就是把非确定性关系的变量数据在图表上展示出来，以便观察不同变量之间的关系。

6. 控制图分析法

控制图分析法又称为管制图分析法，通过对质量标准的计算，来评估项目是否处于可控制的状态下。这种示意图有三条平行线平行于横轴，分别为中心线（Central Line，CL）、上控制限（Upper Control Limit，UCL）和下控制限（Lower Control Limit，LCL）。质量的结果按照时间顺序在坐标轴上进行标记，并显示数值。UCL、CL、LCL 这三条线都称为控制线，控制的界限通常是 ±3 标准差的位置。CL 表示平均值所在的线，UCL 和 LCL 的距离数倍标准差。如果控制图的数值点在上下控制线外，或者数值点在上下控制线直接排列不是随机的，则表示该过程的质量存在异常。

7. 直方图法

直方图法又称为质量分布图法，其图形由多个高度不同的直方图组成，表示质量数据的分布情况，形成统计报告图。数据的类型用横轴表示，数据的分布用纵轴表示。直方图中表示数据的数值。它的基本原理是对数据概率分布的估算，在质量管理中首次被英国数学家、生物统计学家卡尔·皮尔孙（Karl Pearson）引入。为了形成直方图，先将数据按照范围进行分段，根据一定的范围将所有值分割成若干间隔，每两个相邻的间隔相等，然后计算出每个间隔里面的数值，就形成了直方图。

8. 流程图法

流程图又称为过程图或程序框图，它最初是用在计算机程序步骤上的，后来逐渐应用于各个流程中，它是用来表示过程的，输入一个过程，然后将其转变成另外一个或者多个输出的过程，以箭头的形式表示步骤顺序。流程图法利用可视化的图形来描绘出流程过程，在各个领域中得到了广泛应用。

流程图作为一个工具，是将一个过程的步骤用图的形式表示出来的图示化技术，有助于将一个复杂的过程简单而直观地展示出来，有利于工作效率的提高。同时借助流程图，可以有效地将实际操作步骤和想象的过程进行比较、对照，从而寻求改进的机会。同时，流程图还能够显示过程环节中的各个环节的细节，可以直观地看到流程的问题所在，有利于将复杂的流程进行优化，将流程变得更加简单。

9. PDCA 循环法

PDCA 循环在 20 世纪 30 年代由美国贝尔实验室质量管理专家休哈特（Shewhart）首次提出，此后经过美国质量管理专家爱德华兹·戴明（Edwards Deming）博士的宣传，尤其是在日本的推广应用，使 PDCA 循环获得普及，并证明了其科学性和有效性，所以 PDCA 循环又被称为戴明环。全面质量管理中的持续改进就是基于 PDCA 循环的思想基础和理论方法。PDCA 循环将质量管理分为 P（plan，计划）、D（do，执行）、C（check，检查）、A（act，处理）四个阶段。

计划阶段根据质量目标和质量方针，结合企业的实际情况，制订执行过程中的目标和计划，运用多种科学方法分析导致问题发生的根本原因，制订改善活动的内容和所要达到的标准。目标是用来衡量改善的效果，所以目标的设定要切合实际，通过现状分析和多方对比来获得，并且要尽可能地可量化，便于评价改善的有效性。

执行阶段即按照事先设定的计划、标准和方法来实施质量控制活动。结合内外部的实际情况，分解改善方案，进行布局并采取有效的实施行动。执行过程中进行必要的测量，确保能够按计划完成工作进度。同时要建立数据采集，将质量控制过程的原始数据和记录全部收集起来。

检查阶段即确认质量改善的效果，检查实施改善方案是否达到了设定目标。验证制定的方法是否有效、设立的课题是否得到解决，都需要对实施后的结果进行检查后才可得出。对采集到的数据和信息进行汇总分析，把完成情况和最初设定的目标值进行对比，确认是否达到了预设的目标。如果没有达到目标，需要重新审视方案的可行性、目标的合理性、方法的科学性，并修正方案及目标。

处理阶段即总结、固化阶段。方案实施后要及时进行总结，对于未完成的或未解决的问题，要分析原因、吸取教训。已经解决的问题也要进行总结，积累成功的经验，寻找最佳的解决方法。对已经证明有效的方法和措施进行标准化，制订工作流程和工作标准，推广和复制到其他项目中。

在开展 PDCA 循环改善项目前要成立质量控制小组，在组长的带领下，各部门配合开展质量改善实践活动。具体程序如下。

①选择课题，分析现状。改善课题的选择要以实际问题为主，对实际的生产过程有指导性的帮助，或者通过改善质量管控的薄弱环节提高产品质量。例如，提高产品运行的稳定性、提高生产一次合格率、降低质量成本、提高生产员工操作技能、提高生产效率等和生产实际运行相关的项目。

②确定课题的目标。在质量控制小组选定课题以后，要对质量改善项目设定一个目标，目标值要可以进行量化，这个目标值也是日后对质量改善小组实践活动效果的评价依据，所以目标值的设立要切合实际，符合实际的生产运行情况，注重合理性。

③调研质量现状。从生产实际情况出发，应用不同的数理统计方法收集产品生产的质量数据，并对数据进行汇总整理。

④进行原因分析。根据质量数据汇总的结果，质量控制小组成员通过头脑风暴法，利用质量管理工具，如鱼骨图、控制图、散布图等，识别出与问题相关的所有原因。

⑤确定问题的根本原因。分析原因后从各个方面总结多种原因，要将所有原因进行排列组合，从中找出主要原因。

⑥制订解决方案。根据识别出的主要原因制订相应的解决方案，方案中要明确具体执行的措施和步骤，要达到的目标值，项目主负责人和辅助人员，截止日期等信息。

⑦实施解决方案。质量控制小组成员按照制订的方案和计划实施，并且定期组织召开阶段性的总结分析会，总结当期落实情况和遇到的问题，及时发现问题、解决问题，确保改善活动有效，并按期推进。

⑧检验改善效果。在改善方案实施以后，质量控制小组成员要对实施后的结果进行有效的评价。要将改善实践活动前后实际生产情况进行对比，检查是否达到当初设置的目标值。如果和目标值存在偏差，质量控制小组成员要分析具体原因，找出造成偏差的具体原因，及时制订调整方案，并开启第二轮的 PDCA 循环提升工作。

⑨制定巩固措施，形成标准化。质量控制小组在对实践活动结果进行评价后，如果实践结果达到了目标值，就对改善活动过程中的成果进行总结，如更新流程文件、操作规范，修正体系文件或管理文件等，形成标准化，并组织学习，将成功的案例分享给其他部门，将成功的过程和措施复制到其他项目当中。

⑩分析遗留问题，善于总结。所有的问题不可能一次性全部解决，质量控制小组在一个 PDCA 循环改善后，对遗留未解决的问题和新发现的问题进行终检，作为小组改善活动的新课题，准备进入下一轮的 PDCA 循环改善工作。

PDCA 循环法使质量管理工作方法更具科学性和系统性，通过层层循环，螺旋式上升的方式不断提高质量管理水平。

（五）质量管理的作用

从微观层面来看，企业想要获取生存发展、持续开启商品交易市场、获得用户、获取经济实际总收益，最为根本的保障就是质量管理。随着社会、城市、经济的快速发展和人民群众日常生活质量的持续提升，客户对产品综合质量的各项需求早已不是过去的将就能够使用，而是需要质优价廉、实用、可靠、安全和外形稀奇独特等，如此一来，各项需求也会伴随着时光的流逝而变得愈来愈苛刻，所以只有持续提高公司的质量管理水平与产品综合质量，才能全面满足用户日渐增加的使用要求，让公司的商品在客户心中建立优良的信誉和口碑，为公司获得更大的市场份额、获取更大的企业利润，确保企业在市场中赢得竞争，促进企业的健康发展。

从宏观层面来看，经济发展全球性正在持续推动，人们在运用某一商品或者接受某一项综合服务时，自然会评估商品或综合服务的实际质量，从详细的评估中，就能够从结构侧面表现出一个国家在经济、教学培训、医疗护理、科学应用技术等多个层面水平的高低。所以，一个国家要持续地引领和促使公司提升和改善质量检测水平、打压假冒伪劣商品、增强交易市场的监察管理，公司还需要将提高商品和综合服务的实际质量作为核心发展战略目标，并制订具体的行动措施来努力完成，公司要求持续改善质量管理水平、改善质量管理体系来减少公司的实际质量成本费用，为全球性的交易市场供应优质的商品和综合服务，这样才能为企业赢得良好的口碑、市场和利润，同时也能为国家树立良好的国际形象。

（六）质量管理的发展历程

质量管理的发展大致经历了以下三个阶段。

1. 质量检验阶段

在20世纪之前，工程质量一般通过操作员自己的质量认知来确定，属于"操作员的质量控制"。20世纪初，"科学管理之父"、美国著名管理实践家、管理学家弗雷德里克·温斯洛·泰勒（Frederick Winslow Taylor）提出的科学管理理论的诞生，使得产品的质量检验和生产设计开始变得相互独立。工长（施工员）开始接替操作员负责质量的控制和管理。随着社会生产规模和产品复杂度的逐步提升，质量管理的标准开始不断完善。各类检测设备和检测手段也迅速增加，大多数公司纷纷设立检测机构，有的直接由厂长主管。以上质量检验方式均属事后检查的质量管理方式。

2. 统计质量控制阶段

1924年，美国数理统计学家沃特·A.休哈特（Walter A. Shewhart）提出了质量控制与预防缺陷的概念。以数理统计的方法为基础，他提出了在制造工艺中控制质量的"6σ"（六西格玛）方法，并绘制了第一张质量控制图，最终形成了一套统计卡片。

同时，美国贝尔研究所提出了抽样检验的概念和实施方案，但这种利用数学统计分析方法对产品质量问题进行分析尝试，并未得到广泛的推广。直到第二次世界大战，统计质量管理的方法才得到了推广，基于数理统计分析方法，使质量管理得到充足的数据支撑。美国国防部为了验证武器弹药的质量，决定将数理统计方法应用于质量管理，向标准学会提出这方面的质量管理需求，同时组建专业委员会，美军战时的质量控制规范于1941—1942年得以发表。

3. 全面质量管理阶段

从20世纪50年代初期开始，随着企业生产量的增长，以及行业技术的进一步提升，人们对质量的需求发生了变化，由传统的看重产品的基本功能，提升到关注产品的可靠性、安全性、保修性，以及经济效益等方面。因此，在制造工艺和产品生产过程中，需要用更完整的质量管理观念来解决产品质量问题。

在产品质量思想上又有了新的进展，除了特别注重人的产品质量问题，还注重团队的协作来提高产品的质量，更加关注对消费者权益的保护，市场竞争的格局日益激烈。在这些条件下，美国质量管理专家费根堡姆（Feigenbaum）在20世纪60年代初期就明确推出了全面质量管理的理念。全面质量管理强调在经济的基础上，不断地提升客户的满意度，改善生产和服务流程，把质量管理建设成一套完整的体系。

二、施工质量管理的理论基础

（一）ISO 质量管理体系

ISO在1987年发布了ISO 9000系列质量管理体系，它的实用性及导向性极高。ISO 9000系列质量管理体系在全球通用，且被世界各国普遍认同与使用，此系列质量管理体系共包含ISO 9000、ISO 9001、ISO 9002、ISO 9003、ISO 9004五个组成部分。

我国借鉴ISO 9000系列质量标准体系，修改后制定了国标GB/T 10300系列质量标准。通过ISO 9000系列质量标准体系的实施，我国的企业提高了质量管理水平，并开始探索适应企业自身发展的质量管理方法和理论。随着科技和经济的飞速发展，新产品不断涌现，按照统一的标准对产品质量进行评价，能够方便消费者购买和使用，企业也可以优化生产，从而能够稳定生产出满足消费者需求的产品，同时也起到保护消费者权益的作用。在国际贸易中，使用这套标准评估企业的产品质量有助于打破贸易壁垒，提高中国企业在全球的竞争力。

（二）全面质量管理理论

20 世纪 90 年代，随着经济的发展，全面质量管理开始流行，之前的通过检验成品发现质量问题的方式逐渐被淘汰。费根堡姆被称为"全面质量控制之父"，他将企业生产产品涉及的各项工作整合成一个整体的运行体系，产品不仅创造一定的经济效益，而且质量要满足客户的要求，而这可以通过调查研究工作来实现。全面质量管理是对产品质量、产品性能等的管理，是对全方位的质量进行的管理。全面质量管理的目标有三个：要实现盈利，产品或服务让客户满意，了解客户的质量需求。

1. 全面质量管理的特点

（1）全面性

在过去，质量的概念仅是指有形的产品质量，是狭义的，质量直接与产品生产过程有关，只存在于制造行业，客户只是购买产品的顾客。全面质量管理在一定程度上延伸了质量的概念，形成了广义层面的质量的概念。它不只包含有形硬件产品，也包含软件、服务和流程性材料。过程也涵盖了销售、设计开发、采购、生产、交付和服务，综合评价了产品的质量、成本、价格、服务和交期等因素。行业类型不是仅局限于制造业，而是扩展到服务、政府等营利或非营利组织。所有这些方面构成了广义上的质量概念，体现了全面质量管理的全面性。

（2）全员性

产品质量不仅仅依靠检验人员，提高产品质量也不单单是品质部的事情，全面质量管理强调了全体员工参与质量管理活动的重要性。从最高管理者到一线员工，每个部门都承担不同程度和不同维度的质量责任。从制定质量目标到质量目标的分解、落地，通过质量管理活动的实施，每个员工都能了解公司的质量战略目标，并共同为实现质量目标而努力。

（3）预防性

全面质量管理改变了以检验为主或以过程统计为主的质量控制方式，将对产品质量的事后处理发展为事前控制。识别研发过程、生产过程、采购过程、检验过程和交付过程中可能出现的风险点，对这些风险点提前进行管控，将事故消灭在事前，使每一道工序和每一个环节都处于可控的状态。全面质量管理的预防性可以很好地减少风险，节约质量成本。

（4）服务性

传统的质量管理仅仅是指生产出符合客户需要的产品，而全面质量管理更强调服务性。全面质量管理强调"以顾客为中心"的服务理念，为顾客提供满意的产品和服务，重视顾客的感受和意见，通过市场调查消费者的意见和建议，不断完善自身的产品和服务。

（5）科学性

相较于传统的质量管理来说，全面质量管理更具有科学性，强调用数据说话。研发设计阶段需要有明确的技术指标和对比分析；生产阶段必须依据正确的图纸和数据参数进行加工；解决问题时对数据进行分析，找出内在规律，结合专业技术手段和方法，根据实际情况找出问题的根本原因，并采取有效的处理和预防措施。

2. 全面质量管理的原则

（1）以客户为中心

经济全球化的发展让市场竞争走向了"买方市场"时期，任何一家企业都应该以客户为中心，为客户创造其所需要的、满意的商品和服务，只有这样才能取得生存与发展的原动力。

（2）领导的作用

全面质量管理工作是一个全员参与的社会活动，涉及企业的高层管理者、中层管理者、基层管理者以及所有员工。其中，决定产品质量最关键的因素是决策层的关注程度及其所提出的帮助，如果没有领导的作用，全面质量管理工作最终只有一个口号。

（3）全员参与

企业活动的各环节、各部门的工作成效最终都会反映到产品质量中来，因此企业中任何一个员工的工作质量都会对最终产品的质量形成不同程度的、直接或间接的影响。因此，必须把全体员工都融入质量管理的氛围中，一起履行质量控制与改进的职责。

（4）过程方法

过程方法是重视生产制造过程和质量管理工作中的各个环节，把它当成一种流程方法加以研究分析和改进，并坚持按照 PDCA 循环法改进，以实现产品质量的不断改善。

（5）系统管理

在开展质量改进活动时，确定目标之后，需要对与改进目标有关联的各相关环节进行系统的管理，因此，质量管理工作需要企业各部门的投入才能够最大限度地改进质量，满足市场需求。

（6）持续改进

全面质量管理是一个不断推进、持续改进的过程，只有学会运用各类先进科学技术的管理手段和方法，才能更好地进行持续改进质量的工作。

（7）基于事实依据

一切合理的政策都应该建立在资料和数据的事实基础之上，并加以理论分析，这样制订出的政策才是合理的、正确的、可行的。违背事实依据的一切活动都是毫无价值的。

（8）互惠的供给关系

唯有保持供给双方互惠共赢的伙伴关系，才能激发企业的主动性与积极性，为双方的长期合作打下基础。

（三）六西格玛理论

1.六西格玛的含义

六西格玛方法是一种改善企业质量流程管理的技术，这种技术的运用使生产一样产品的质量目标达到每生产百万个产品中，只有不超过三四个产品存在质量缺陷，意味着这些产品的合格率接近100%。六西格玛方法还是一种基于数学统计分析的评估方法，评估结果用西格玛水平来表示。采用了六西格玛管理，意味着产品的生产流程趋于完美，几乎没有缺陷产品，并且生产流程效率高，成本低。通过更加关注客户需求，提高客户满意度和忠诚度，继而增加市场份额、提高利润率。

六西格玛方法除使用统计分析技术进行产品质量管理外，也逐渐渗透到企业管理行为中，追求企业组织的高效管理。它专注于从质量的角度出发，从客户的角度看问题，使用科学的方法对所有领域降本增效。实施六西格玛管理的公司通过关注产品质量和客户需求来增加市场份额，降低生产成本，并缩短生产周期。

六西格玛管理主要遵循以下原则。

①专注客户需求。六西格玛方法是一个以客户为中心的管理方法。客户关注的焦点是对业务进行影响最大的要素。在六西格玛管理体系下的产品缺陷主要根据客户要求进行定义，客户不满意或不可接受的产品即为缺陷产品，因此应减少直接引起客户不满的产品，并从增加业务收益的角度进行决策，消除缺陷。从客户关注角度出发的管理和生产策略也更加容易在实际的生产和管理活动中赢得客户的支持和信任。

②提高客户满意度，增加市场份额。六西格玛管理有两个主要目标：一是提

高客户满意度，占领市场，增加市场份额和提高公司运营效率；二是降低资源成本，除去缺陷产品带来的质量损失，带来业务上收入的增加。

③关注数据和事实。通过后端的数据来统计前端存在的问题，六西格玛利用基础数据统计出缺陷概率，并以此推算出该缺陷在百万个相同机会下会出现的次数。除了可以衡量、评价那些直接计数的产品的质量，也可以通过各种统计、定义、测量手段来分析评价那些不方便直接计数的产品。六西格玛这一基于结果数据的决策分析方法可以帮助公司发现问题和消除质量缺陷，提升工作效率。

④以项目为驱动力。项目的负责人称为"黑带"，负责梳理整个管理流程体系，并带领"绿带"组建项目团队，通过项目的实施来实现提高产品质量和作业效率的目的。对具体的项目实施特定的六西格玛质量改进体系，直观地对比在项目质量管理提升前后所创造的效益。

⑤DMAIC 的改进方式。DAMIC 是六西格玛管理的流程改进体系，能够给整个产品的生产过程找到核心目标、关键问题和解决措施，并进行循环改进。具体流程为定义（define）阶段、测量（measure）阶段、分析（analyze）阶段、改进（improve）阶段、控制（control）阶段。

⑥强调管理团队建设，六西格玛管理强调过程团队的配合，整个团队组成以倡导者、"黑带大师"、"黑带"和"绿带"为核心力量。针对不同层次的管理者需要进行不同程度的教育培训和测试，他们是六西格玛的管理者和实践者。

2. 六西格玛管理的主要参与者

六西格玛管理作为质量管理的办法与体系，质量管理的实施效果取决于六西格玛管理团队的综合素质及执行情况，即六西格玛管理团队的执行情况决定了六西格玛管理的效果。六西格玛管理团队包括执行领导、倡导者、"黑带大师"、"黑带"和"绿带"等角色，每个人在质量管理实施的过程中承担了不同的职责。

（1）执行领导

由在组织内具有强大吸引力和影响力的高层管理人员作为执行领导来维护六西格玛管理。他们主要负责六西格玛管理目标的制定，并为六西格玛管理提供资金上的支持，协助六西格玛创造杰出的成果。

（2）倡导者

倡导者在六西格玛管理的过程中承担链接上下的角色，向上级报告六西格玛管理的进展，向下级安排六西格玛管理的具体执行措施，并负责六西格玛活动过程的沟通协调工作。

（3）"黑带大师"

"黑带大师"是六西格玛管理方面的专家，经过资格考试取得相关认证，在六西格玛管理过程中主要提供技术支持。企业在实施六西格玛管理初期，可以通过外聘的方式邀请经验丰富的人作为"黑带大师"，待体系成熟后，在企业内部自我培养"黑带大师"。

"黑带大师"的职责包括以下几个方面：一是为六西格玛管理体系提供需要的技术支持；二是辅助执行领导和倡导者开展六西格玛的相关活动；三是为企业培训"黑带"和"绿带"等技术人员。

（4）"黑带"

"黑带"是具有六西格玛管理专业知识的执行官，并且在六西格玛运营方面具有丰富的经验。"黑带"要求在任职期间有过一定六西格玛管理的项目经验，他们的主要职责为：一是组建项目六西格玛管理团队；二是为团队人员培训六西格玛提供理论和工具使用知识；三是对"绿带"人员提供直接的工作指导；四是确定项目改进的阶段和改进所用的工具；五是向上级汇报六西格玛管理的进展情况。

（5）"绿带"

"绿带"是经过"黑带"培训后的人员，直接参与项目一部分或全部六西格玛管理，负责将"黑带"制定的措施和计划及时执行落地，能够对一线施工人员进行六西格玛管理理念的传输，并让其理解。

以上五类六西格玛管理主要参与者的角色及作用如表 5-1 所示。

表 5-1　六西格玛管理中的各种角色及其责任

角色	参与者	作用
执行领导	高层管理人员	目标制定者、资金提供者
倡导者	高层管理团队	推动者、提倡者
黑带大师	专职突破专家	培训师、教练
黑带	专职改进专家	项目经理、专家
绿带	中层管理者、工长	项目经理、团队成员

三、施工质量管理的相关理论

（一）施工质量管理的含义

建筑施工质量管理是指在质量方针的指导下，通过计划、实施、检查和处置，实现工程项目的事前控制、事中控制和事后控制。而项目建设涉及的范围普遍很广，是一个动态、复杂的过程。建筑产品的庞大性、长期性和复杂性决定了其与工业产品的某些特性不尽相同：质量因素多、施工质量管理难度大、施工工序多、交叉作业多、质量波动大、建筑产品表面的质量检验局限性很大。因此，做好建筑工程质量管理显得尤为重要。

（二）施工质量管理的原则

1. 坚持以人为本原则

进行施工质量管理的首要条件是坚持从项目相关人员的角度去思考问题，因为质量管理体系的运行，离不开所有相关人员的努力，质量管理体系运行的所有环节都要充分考虑，使相关人员的能力、素质和专业水平达到体系运行的要求。因此，对项目相关人员的管理，是做好质量管理体系实施的基础。

2. 坚持质量标准原则

制定质量标准是质量管理体系建立的首要任务，质量管理实施中相关制度和措施以质量标准为前提。项目施工质量能够达到制定的质量标准是建立质量管理体系的目的。

3. 坚持团队合作原则

项目施工质量管理能够顺利进行，整个团队的作用是相当重要的，拥有职责分工明确、专业素质高、全员积极参与的质量管理团队，是完成项目施工质量管理的必备条件。施工质量管理不仅仅是项目负责人或者单独一个质量管理部门的事情，还需要依赖参与项目施工的每个人，是需要全员都参与的施工过程。

4. 坚持实测实量制度原则

数据是施工质量最直接的体现。认真贯彻落实实测实量的制度，比较分析真实准确的检测数据，利用 PDCA 循环流程控制质量缺陷。这些真实准确的数据直观地表现了质量问题，为进行质量管理提供了信息。

5. 坚持预防为主原则

全面质量管理理论的核心之一就是事前控制，即在施工开始之前对质量问题进行控制。如果事前控制做得好，就会避免很多质量问题。若质量问题发生在施工过程中，就一定会影响项目的实施，而无论如何纠正，必然会造成成本或工期的损失。所以，坚持预防为主才是提高施工质量管理水平的重中之重。

6. 坚持项目负责人主导原则

该原则要求项目必须选择合适的、能力到位的项目负责人，其在整个项目施工过程中起主导作用，要重视其在管理体系中的地位。通过项目管理层对项目实施和出现问题的讨论和交流，项目负责人要做出最后的决策，他是施工质量方针和资源分配的最终决定人，也是施工资料管理实施的带头人。项目负责人是项目施工管理工作的引领人和总指挥，对上要做好项目统一，对下要为普通员工创造出良好的工作氛围和工作环境，要发挥最大能效调动工作人员的积极性，为项目施工质量管理目标的实现努力。因此，找到一位拥有专业知识素养和管理能力出众的项目负责人是做好施工质量管理工作的坚实基础。

（三）施工质量管理的意义

1. 确保工程质量

建筑工程施工是一个复杂且综合性很强的过程，一个建筑工程项目通常是由不同的单位工程组成的，而每一个单位工程又可按专业性质、建筑部位分为多个分部工程，根据不同的施工工艺、材料及设备类别等又可将分部工程划分为诸多的分项工程。通常，项目的位置是固定的，而结构类型不一、施工方法不同、整体性强、建设周期长、容易受外部条件影响等因素导致工程项目中任何一个主体或环节出现质量问题都可能呈几何倍数的放大，影响整个建筑工程的质量，不仅影响建筑工程的适用性和投资效果，甚至威胁消费者的财产和生命安全。所以，严格按照建筑工程施工质量法规及标准施工，合理分配生产要素，并选用科学的管理办法，才能达到工程项目的预期成果和质量要求。

2. 提高企业竞争力

任何企业想要在竞争激烈的大市场中立于不败之地，都需要不断提升自身的竞争力，取得竞争优势。在当今新的世界市场体系中，竞争的重点已经从价格、质量的竞争转变为时间、质量、价格和科技之间的竞争，但时间和价格的竞争优势是靠质量取得的，而科技则体现在产品的质量上，所以归根结底，无论是时间、质量、价格还是科技的竞争，最终都是质量的竞争。建筑工程在实际的施工工作中，提高对施工质量的要求和控制，减少质量不合格造成的返工，在一定程度上可以节约经济成本，为企业提高效益，为企业承揽更多的工程项目带来足够的资金保障；把质量提高到经营战略的地位，以质量为中心，生产出质量可靠的产品，可以塑造企业的形象，使企业能够适应市场和时代的需要，从而实现可持续发展。

四、施工质量管理存在的问题

（一）施工流程不合理

施工流程不合理主要表现在两个方面：一是施工次序错误。这是常见的基础错误，主要是因为施工员经验不足、施工班组水平参差不齐、多个施工班组之间出现交叉施工时存在沟通失误等。二是缺少前瞻性的施工流程，会在施工设备的租借、施工材料的采购与运输方面出现延误工期等现象，对整体项目的工期造成影响。

（二）未专门设立质量检查机构

在现场质量检查程序中，除工程班组自检外，仅有质量员和项目技术负责人对整个施工质量进行检查。项目经理作为整个工程的负责人，往往会在两难时选择牺牲施工质量，以保证项目施工如期进行。理应成立质量检查小组，对施工全过程进行质量监督。这样不仅可以严格监督所有施工中出现的问题，还可以及时纠正施工错误，并对施工的流程进行合理的分析，确保施工质量。

（三）缺乏完善的施工质量管理体系

1. 施工质量管理体系不健全

项目施工一般采用的是传统管理模式，是相对静态的。项目施工质量管理的实现主要是通过合同这一法定约束，对施工过程中质量管理与控制缺乏适时调整的综合性考虑。而且每个参与的单位都是相对独立的，因为利益不同，它们都只是完成自己的质量管理目标，并没有一个统一的质量管理目标，这就导致施工质量管理体系一直没有形成。质量检验的目的是促进项目更好地实现施工质量管理目标，主要是通过监理来检验该工程项目施工质量管理水平是否符合合同约定。通过反馈系统的构建，施工质量管理实现不断正循环和改进，推动施工质量管理目标的实现。但是，项目施工质量管理体系并没有体现出施工质量管理检验的反馈和改进环节，没有做到循环发展。

2. 施工质量管理方法较传统

对于施工过程中存在的问题难以及时发现，会导致事前质量管理和控制无法得到很好的实现，同时也增加了项目建设方对施工质量管理出现的问题提出应对解决方案并及时采取措施纠正问题的难度。在初期的施工过程中，发现问题没有及时联系施工单位，而且施工现场直接安排不熟悉情况、技术不足的普通工人去解决，不考虑实际情况，只是按老套路处理，导致处理问题过于片面，在施工过程中已经到了下一个工序，实际上仍要处理上一个工序的问题。项目在施工质量管理过程中，只是照搬以前的方法，并没有对具体问题进行分析和总结，缺少灵活机动性，没有用动态的方法进行项目施工质量管理，专业技术人员和管理人员只是通过个人经验来处理施工质量问题，缺少对出现问题的详细了解，并没有根据项目自身基础数据来调整处理方法，这使得项目质量管理方法相对落后，容易造成问题处理不到位、不及时的情况。

（四）资源分配及工程质量意识问题

在施工质量管理的过程中，工程资源的合理分配是非常重要的。在工程建设中，机械设备、施工材料以及人力都是不可缺少的重要资源，在很大程度上影响着整体的工程质量建设以及后期企业资金的占比。资源的合理管控可以在一定程度上提升建筑工程企业的经济效益，但部分建筑工程企业并没有对工程资源进行合理分配，从而造成了资源的紧缺或浪费，需要投入大量资金来弥补或因资源过剩造成的进一步的资源折损。

除此之外，在对工程资源进行合理分配的过程中，很容易产生内部矛盾，降低工程质量的管控力度，不能更好地确保建筑工程的质量。工程技术人员是保证建筑工程整体质量的第一道屏障，他们的工程质量意识在一定程度上决定了工程的实施质量。我国多数建筑工程企业只注重眼前利益，而忽略了整体的施工质量，大部分施工人员的工程质量意识淡薄，导致工程建设环节发生偷工减料的现象，这在很大程度上影响了施工质量。

（五）工程前期材料筹划问题

建筑材料的选择在工程建设的施工环节同样重要。建筑材料是整个建筑主体的重要组成部分，材料是否符合工程建筑的标准，在一定程度上影响了工程主体的质量。目前，我国建筑材料市场的管理体系相对完备，但部分环节仍存在一些问题。一些企业的采购人员缺乏责任心，在材料的审查和选择过程中没有严格遵循工程建设质量标准，导致材料质量不达标。此外，个别供应商为了牟取高额的利润，售卖劣质材料，以次充好，这也增加了工程质量安全隐患。

第二节　影响施工质量管理的因素

一、人员因素

（一）管理人员

管理人员的综合素质直接影响着施工质量管理的效果。然而，目前来看，仍有部分管理人员缺乏动态管理、全过程管理的意识，他们通常只是简单地执行一些表面的质量检查和验收工作，而没有深入研究相关的质量管控标准。

（二）技术人员

技术人员的技术水平直接影响着工程质量。如今，仍有一些建筑工程的施工质量管理缺少专业技术人员的参与，导致施工质量管理与技术管理的脱节。

（三）基层施工人员

基层施工人员的文化素养和施工技术水平参差不齐，部分人员的安全意识、质量管理意识较为淡薄，管理人员如果没有对他们进行相关培训的话，很容易给工程项目带来质量安全隐患。

二、材料因素

一般来讲，建筑工程项目的施工需要消耗大量的建筑材料，包括原材料、预制加工的成品或半成品等。在施工质量管理工作中，管理人员必须严格把控这些建筑材料的质量、型号、规格等。采购环节容易出现承包商与材料供应商相互串通、以次充好的违规行为。在建筑材料验收环节，如果质量监督管理人员检测不到位，就会导致劣质材料滥竽充数，进而对施工质量产生较大影响。

三、现场因素

大部分建筑工程都具有单体性、露天性等特点，周边的自然环境难免会影响现场作业。倘若质量监督管理人员不能进驻施工现场，就不能及时对施工现场的变量因素进行调整和控制，有可能导致施工现场陷入混乱，进而影响施工质量。此外，施工现场的安全管理同样至关重要。目前来看，现场检查不到位、缺少完善的安全质量管理标准、未能及时排除施工现场的安全隐患等问题时有发生，不仅对施工进度造成了严重影响，而且对建筑企业的社会效益造成了损害。

四、技术因素

一些建筑企业在开展施工质量管理工作时，存在技术管理不到位的问题。这类企业往往将人员、材料等视为施工质量管理的重点，而忽视了技术、工艺选择不当对施工质量造成的影响。

例如，相关质量监督管理人员不了解相应的施工技术实施方案，从而不能及时发现施工技术人员的不规范行为，也不能有效落实施工技术管理标准，最终不利于工程质量的提升。

第三节　基于 BIM 技术的施工质量管理应用

一、BIM 技术在施工质量管理中应用的意义

（一）实现数字化管理

从本质上来讲，BIM 技术属于一种数字化工具，负责收集智能建筑全生命周期内产生的数据信息，准确描述数据属性状态与管理对象间的关系。所以，应用 BIM 技术可以推动施工质量管理体系的数字化发展，彻底解决传统管理模式的一些问题。例如，在质量问题表达方面，传统管理模式主要采取文字表述与口头表述的形式，表述内容受人为主观因素影响，容易出现问题理解片面、表述不全的情况。应用 BIM 技术，以可视化模型、数据的形式表达质量问题，如在模型中按比例呈现混凝土构件外形缺陷情况、破损程度、尺寸偏差值、裂缝宽深度与延伸情况等，避免因问题表述不清而采取错误的质量补救措施。

（二）强化施工现场质量管理能力

现代智能建筑工程的施工特征主要有规模庞大、现场环境复杂、人员设备密集分布等，倘若仅采取旁站监理、现场巡查、质量抽检等常规管理手段，将面临信息传达时间过长、管理时效性差、无法第一时间发现质量隐患等管理难题。例如，在施工现场出现混凝土开裂、模板倾斜失稳、墙体渗漏、楼梯不均匀沉降、墙皮脱落等质量问题时，需要由现场班组人员与管理人员将问题逐级上报，在质量问题形成、发现与有效处理期间产生一个时间差，致使建筑结构受损程度加剧，如混凝土裂缝随时间推移持续向两侧延伸扩展。在这一工程背景下，BIM 技术的

应用可起到强化施工现场质量管控能力的作用，主要表现在远程监控、远程指导、质量预警等方面。

（三）实现施工质量预防管理

在传统的施工质量管理中，尽管采取图纸核验、深化设计、试验段施工等多项质量措施，但受技术水平的限制，很难发现实际存在的质量问题。针对这一问题，应用 BIM 技术，采取施工模拟的方式，以动画演示的形式对施工过程进行模拟，对比模拟施工报告与工程施工要求，可以在数据的支持下采取相应的改进措施或调整施工方案内容，从根源上消灭质量问题。

二、BIM 技术在施工质量管理中的具体应用

（一）场地布置

建筑工程的场地布置，属于工程建设的基础和前提，不仅可以确保工程建设的顺利进行，还会对后期的质量管理产生极大影响。在建筑工程场地布置中，合理应用 BIM 技术、根据二维图纸进行场地布置三维建模，以节约、高效的原则，优化和调整场地布置方案，选择工艺设计佳、满足项目特征的施工布置方案。

应用 BIM 技术对场地进行布置，涉及布置道路、物料堆放、机械设备、水电设施等方面。可以应用试点动画漫游，三维测试布置的合理性，从不同角度、不同时间节点对场地布置情况进行检查，提前对场地布置问题进行梳理。通过此种方式，不仅可以维护建筑工程质量安全，还便于施工建设的进行，减少资源浪费与返工问题。

（二）技术交底

传统建筑工程的技术交底主要是以书面交底、口头交底的方式为主。二维图纸表现不佳、交底人员表达能力有限、接底人员理解偏差，致使施工工艺执行力度不足，很容易出现质量安全隐患。通过 BIM 技术，可以联合动画、VR 技术，以交互式、可视化形式进行技术交底，提升技术交底的真实性与可视性；加强接底人员对项目施工的理解度；确保技术交底内容的准确性；实现建筑工程施工质量管理的目标。

（三）碰撞检测

传统的二维 CAD 图纸碰撞检测存在人力投入大、检测效率低、抽象化等不足，致使具体检测的错漏问题较多。应用三维可视化技术，能够针对不同专业模型、

全专业模型，实施高效碰撞检测，快速输出碰撞检测结果。

通过分析可知，BIM 技术碰撞检测可以对传统 CAD 碰撞检测问题进行处理，高效观察不同专业设计的错误与矛盾，同时在项目开工前做好处理，以免在施工环节产生设计变更、返工等问题，高效保障建筑工程的质量与安全。

（四）模拟施工

在 BIM 技术建造模式下，施工过程呈现出"先试""后造"，改变了建筑工程一次性施工的特点，防止建筑工程产生质量隐患。通过施工模拟，能够比较和优化不同施工工艺与方法，同时能够发现和处理施工资源调度冲突。整个模拟过程，涉及施工工序模拟、资源调度模拟、施工方法模拟。

BIM 技术施工模拟，可以通过直观性、可修改的方式，预演和优化施工工艺、资源调度、施工方案等，规避建筑工程的不合理问题，实现零冲突、零浪费，有效保证建筑工程质量管理。

（五）过程管理

基于 BIM 技术建立 BIM 5D 管理平台，可以有效提升建筑工程质量管理的精细化水平。利用 BIM+ 物联网、互联网、射频识别设备、通信技术、激光扫描仪等，能够将 BIM 模型、建筑实体、工程人员联系在一起，智能识别、跟踪、定位和监测机械设备等。在工程质量管理平台，导入 BIM 信息模型，无缝对接 BIM 模型、质量管理平台，有效共享与管理资源。利用物联网，可以对接施工现场各构件与 BIM 模型，输入和输出建筑部件与部位信息，能够提高质量管理水平。工程施工人员利用 BIM 技术的轻量化质量信息管理平台，可以实现信息组织协调、权限分配等，有效控制建筑产品质量。

（六）信息共享

基于 BIM 技术的信息共享并非 BIM 技术在工程质量管理中的应用表现，但是会作用于工程质量管理中；基于 BIM 技术的信息共享可以实现信息可视化、高效化共享与交换，布置场地、技术交底、施工模拟、碰撞检测等，为建筑工程管理提供新型工作模式；基于 BIM 技术的信息共享可以转变传统"点对点"交流模式，提高信息交流效率与一致性，确保工程施工质量。

三、基于 BIM 技术的施工质量管理措施分析

（一）管理路线

在过去的建筑工程施工中，多应用 PDCA 质量管理法实现对施工的管理及流程创新，但在实际的信息资源协调和共享中，信息缺失度及管理的难度均较大。而在信息时代发展的今天，基于互联网技术的融合背景，新的 BIM 技术可有效实现对建筑信息的模拟，并在多模式的协调及可视化功能实现上，实现对施工的进度、成本、质量等综合管理。

在日趋复杂的建筑结构背景下，受工程项目管理难度大、精细化管理目标要求高、管理材料及管理模式的相关信息冗杂等影响，施工质量管理难度增加。外接数据库和项目参数管理方法的实施，在施工质量控制应用中为提升区域管理水平、实现管理效率最大化提供了可能。

（二）管理要点

在施工质量管理中，采用 BIM 技术进行图纸会审可在施工前即对可能存在的问题进行防范，以此提升图纸审核效能，并在复杂工况的条件下，防范出现安全问题，进一步提高施工管理质量。而在具体的专项施工方案模拟设定中，基于施工方案的 BIM 技术专项设计，更能在施工的模拟分析中，细化施工步骤，明确不同施工方案间的关系，最终直观展示不同施工工序间的关系，在可视化技术交底中，全面提高施工的安全性及可靠性。利用该技术，可以在施工步骤及施工工序间进行技术交底，最终在施工的直观、可视化模拟展示中，全面提升施工的安全性。细化到施工的模型环节，以确保实体构造的建筑更精细。针对施工现场所有的生产要素、生成构件等危险源进行辨识及管理，以达到安全防范的精细化管理效果。同时，在现场安全教育中，还对提高现场施工人员安全意识等提供了技术保障。

第六章　施工成本管理 BIM 技术应用

施工成本管理涉及内容众多，贯穿建筑工程的各项环节，包括施工准备、图纸设计、竣工结算等，将 BIM 技术引入施工成本管理，渗透到施工全过程中，可有效避免受内部或外部因素影响而使成本偏离预期。本章分为施工成本管理概述、施工成本管理的重要性和难点、基于 BIM 技术的施工成本管理应用三部分。

第一节　施工成本管理概述

一、成本管理概述

（一）成本管理的概念

1. 成本

在财务会计中，成本是可以对象化的耗费，包括生产经营耗费、投资耗费和筹资耗费。企业在生产经营过程中产生的与产品和服务有关的成本可以分为直接成本和间接成本，与产品和服务没有关系的则是期间费用。直接成本是与产品和服务有直接关系的成本，包括直接材料和直接人工，可以直接计入产品和服务成本。直接材料就是可以直接追踪到产品和服务中的原材料；直接人工就是直接提供服务或者直接用工具制造产品的生产劳动。除了直接成本外，还有间接成本，也叫制造费用。间接成本是指在生产经营活动过程中与提供产品和服务有关的，但与产品制造和服务提供有间接关系的成本。期间费用是指企业在日常经营管理活动过程中发生的成本支出，这部分成本支出不能计入产品成本，而要从利润中扣除。

在管理会计中，成本是企业在生产经营过程中对象化的、以货币形式表现的，为达到一定目的而应当或可能发生的各种经济资源价值牺牲或代价。成本按核算目标可分为业务成本、责任成本、质量成本；按实际发生时态可分为历史成本和未来成本；按相关性可分为相关成本和无关成本；按可控性可分为可控成本和不可控成本；按可辨认性可分为直接成本和间接成本；按经济用途分为生产成本（制造成本）和非生产成本（非制造成本）；按可盘存性分为产品成本和期间成本。

2. 成本管理

成本管理是指企业在生产经营过程中对各项成本进行核算、分析、决策以及控制等一系列行为的总称。要在保证产品质量的前提下，充分动员员工对企业生产经营的各个环节进行合理的管理，力求以最少的生产耗费取得最大的生产成果。

传统成本管理理论认为，成本管理的水平由经济环境、社会生产力等因素决定。以标准成本法为代表，传统成本控制理论的重点在于确定标准成本的同时记录产品发生的实际成本，核心在于按照标准成本记录以及反映产品成本的形成过程和结果以实现成本控制的目的。

现代成本管理方法更加注重买方市场，不再一味地注重降低费用、减少成本，而是更加注重成本分配的合理性和成本管理的全面性，将企业各个部门和企业外部环境都纳入成本管理的范围内，不再仅限于企业的财务部门。现代成本管理理论更加注重企业的总体效益，价值链成本控制法就是现代成本管理理论的代表方法，它通过全方位、多角度、全过程的成本管理方式，在总体上提高企业效益。

（二）成本管理的内容

企业要想在激烈的竞争中占据一席之地，进行成本管理是必不可少的环节。对于生产企业来说，成本管理主要包括成本规划、成本计算、成本控制和业绩评价等四部分内容。成本规划是企业根据自己的经营状况、竞争环境和所处的经济环境对企业的成本作出前期的计划，成本规划的主要目的是确定企业的利润目标、制订企业成本管理方案；成本计算依靠企业现有的数据和信息，对成本费用进行归集，从而反映出企业成本管理的现状，为下一步成本控制打下基础；成本控制利用成本计算环节得到的信息，根据成本规划环节提出的目标进行成本控制方案设计，降低企业成本，提高企业效益；业绩评价则是制定评价标准，通过定量和定性分析对成本控制方案的效果进行评价，改进成本控制方案。

（三）成本管理的方法

对相关文献的搜集和整理归纳，总结出常用的成本管理方法，这些方法主要包含作业成本法、完全成本法、目标成本法和责任成本法等。

1. 作业成本法

（1）作业成本法的内涵

作业成本法根据成本发生的中心、技术等特征，应用数理统计，将成本资源精准分配到作业中心，目的是使最后得出的产品成本更接近实际成本。在施工单位的应用中，作业成本法以工程项目为作业中心，依据各个作业在施工中的资源耗费情况，将成本分配到各个作业中心区，随后根据相关服务和产品的作业量，最终将作业中心的成本分配到各项工作内容的成本中。该方法包含的要素主要有作业、作业中心、资源和成本动因。

①作业。企业在生产经营的过程中，为了达到一项经济目标或者完成一项经济活动而进行的工作称为作业。作业成本法核算的核心为作业，同时作业也是进行成本管理的关键，是管理者进行决策的基础。

②作业中心。由相同或相近的作业构成，并且详细展示作业的信息，以便于实现资源共享。作业中心就像一个中转站，它可以将与作业相关的成本信息进行归类收集及分配，以便于以后的成本计算。

③资源。资源是指企业需要或者预期保证各项工作内容顺利开展所花费的财力、物力及人力资源的合计。具体来说，它是执行某个作业活动时需要耗费的成本。工程项目中属于资源的有直接资源以及间接资源。

④成本动因。成本动因是指产生费用的各种要素，通常作为分配依据。一旦选择了一个作业，并且该作业产生的费用已经被归集起来，那么就应该考虑怎样把它的费用分摊给不同产品。作业成本的分配与产品的生产过程有紧密联系，如一项作业消耗的费用与产品的人工工时有密切关系，就可以选择人工工时当作该作业环节的动因。成本动因可分为资源动因与作业动因两种类型。

资源动因：在作业成本核算的过程中，资源动因是消耗的资源向作业归集和分配的依据。

作业动因：在作业成本核算的过程中，作业动因是消耗的作业向产品归集和分配的依据。

（2）作业成本法的原理

作业成本法的基本原理可以论述为：首先，生产引发作业；其次，作业消耗资源；再次，产品消耗作业；最后，成本发生。

每个作业单元都是一种资源输入和另一种资源输出的过程。通过这一现象，作业单元在本质上可以看作一种媒介，它可以反映在企业生产经营过程的各种活动中，这些活动按照时间关系和因果关系联系起来，形成一个较为完整的作业链。

具体而言，作业成本法根据这种关系核算作业成本，来跟踪成本不断累积和产品生产成型的过程，并追踪成本发生的"前因和后果"。从"前因"的角度来看，成本是由作业活动引发的，成本的分析和计算应该是对完整的作业链的分析和计算，起点可能是调研市场需求，然后贯穿企业生产和产品销售的每个环节；从"后果"的角度来看，要重视作业消耗的资源量对应产生价值的大小，以及寄托在产品上的资源在市场中最终能使企业获得的价值。这个过程能够体现出，作业成本管理方法对成本的计算和管理是更为深入、更为彻底、成本信息更加准确、更有参考价值的。作业成本法的主要特征在于：主要针对间接费用进行核算和分配，分配所依据的标准具体化、多样化。该方法以作业为基础，将资源归集至作业，再将作业成本分配至具体产品。

2. 完全成本法

完全成本法是企业将生产经营活动中的成本费用归集到产品服务成本和存货成本中的核算方法。其中，单位产品服务的成本与产品服务量成反比例关系，量越大，单位产品服务成本越低。因此，完全成本法能够有效激励企业提高产量质量的积极性，但这个方法不利于成本管理工作的开展和企业经营发展战略的制定。

3. 目标成本法

目标成本法是将成本管理与目标确立相统一的方法，主要是指在工程项目的实施过程中，分析工程项目的特点，利用任务分解法将项目进行分解，并依据分解的任务目标制定相应的管理对策，最后对项目成本管控结果进行评价，从而保证建筑企业取得良好的经济效益。目标成本管理包含以下四方面内容。

（1）目标成本确定

目标成本的确定是成本管理能够顺利进行的关键，这就要求企业科学合理地分析工程的目标成本。

（2）目标成本分解

目标成本分解是成本管控的关键步骤，其本质是有效分解工程成本涉及的各个方面，并对各个组成部分采取针对性的措施。

（3）目标成本控制

目标成本控制是成本管理的核心，基于对目标分解后各个部分的分析，按照成本管理的目标对各个组成部分进行有效管理，并制定相应的管理措施，结合项目的实际情况对管理措施进行优化和调整。

（4）与实际成本比较分析

将目标分解的各个部分的成本进行汇总，并与实际成本进行对比分析，对比分析的结果可以为后续的成本管理提供参考。

综上所述，目标成本管理方法不仅可以快速确定工程成本的消耗情况，而且可以按照分解出来的组成部分分配到各个管理部门，保证成本管理的落实。

4.责任成本法

责任成本是将工程的成本分配到相应的责任中心，按照责任中心的可控程度计算的每个责任中心应该负责的成本。责任成本法是依据权责利分散的原则，根据成本管理的范围进行责任分解，并对成本管理效果进行评价的成本管理方法。它将成本管理过程的核算、责任和管理进行有机结合，不仅激励了责任主体，而且提高了成本管理效果。

具体来说，责任成本法包括直接计算法和间接计算法两种。

（1）直接计算法

先计算各个相关部门在工程成本管理中所发生的成本，然后将这些成本进行汇总，进而计算出总的成本。

（2）间接计算法

先排除一个部门无法控制的成本，并把基础性成本作为计算的依据，然后加上该部门可能使其他部门发生的成本，最后汇总计算得出相关的成本。

（四）成本管理的目标

从理论层面看，成本管理的目标是从管理的角度提供与成本相关的信息，实现基于信息价值管理的过程。根据成本管理在实践中的应用目的，成本管理的目标可以分为两个层次：一是从企业经营目标、发展战略目标来看，企业成本管理必须依靠企业管理和战略目标；二是通过有效的成本控制与管理方法，对企业的生产成本水平进行限制与约束。竞争环境的差异，影响着成本控制活动中总体目标的表现形式。例如，在较强的竞争形式下，企业成本管理的总目标必然与竞争战略息息相关，并且要将严控成本的绝对水平作为战略层面的总体目标。具体目标通常为成本的计算和控制。企业管理层和既得利益者往往关心成本计算以做出投资决策、获得管理决策数据，并通过成本计算提升管理、优化绩效与激励措施，降低成本是实施成本控制的最终追求。客观来讲，成本控制应该先改进技术，再力争以较少能耗获取较大利益，并将成本管理纳入发展战略进行部署，将其实施在各个业务、生产环节流程之中。从实践层面看，随着环境变化，低（成）本高

（效）益已成为成本控制的方向，市场环境多变，需要尽可能在短时间内投入生产，加大生产成本控制、将生产与经营紧密联结。

（五）成本管理的基本理论

1.传统成本管理理论

（1）标准成本管理

①标准成本的概念。标准成本是通过精确的调查、分析与技术测定而制定的用来评价实际成本、衡量工作效率的一种目标成本。在标准成本中，基本上排除了不应该发生的"浪费"，因此被认为是一种"应该成本"。标准成本要体现企业的目标和要求，主要用于衡量产品制造过程的工作效率和成本控制。

②标准成本的分类。标准成本可以有多种类型，每一种类型都有一定的管理使命，对应不同的目标，现阶段从操作层面将标准成本分为三类。

一是理想标准成本，即根据最佳技术条件和资源保障，不考虑或很少考虑各种现实瓶颈因素计算的标准成本，作为中长期成本目标，在制定战略时作为工艺技术革新和成本领先的牵引。

二是正常标准成本，是在理想标准成本的基础上考虑当年生产安排、技术、供应等约束因素而计算的标准成本。正常标准成本是在比较接近"真实"加工制造背景下模拟计算的成本，更接近实际，用以作为编制成本预算的基础，也可以用以编制内部转移价格和实施定价决策。

三是现实标准成本，即在成本预算执行过程中将非人为因素且短期内无法改进的成本执行差异调整正常标准成本得出的计算结果。现实标准成本主要用来作为业绩评价参考，也可以作为次年修订标准成本的参考。

③标准成本的特征。相比实际成本，标准成本具有如下特征。

一是标准成本是事前计算的成本，具有显著的前瞻规划特征。它反映的是企业应该以何种必要资源制造出满足客户需求的产品。标准成本对于经营企业来说就像船员的罗盘，它能反映出企业这只航船的航线与航程。

二是标准成本本质上不是成本核算方法，而是成本管理和控制技术。从技术层面看，标准成本主要被当作计划和控制的工具，是包含了成本标准制定、标准执行核算、差异分析和改进矫正等若干环节的成本管理过程；从行业层面看，标准成本可以作为一种绩效评价指标，用以牵引成本责任单位按照既定成本策略完成加工制造过程。

三是标准成本在实务操作上是工艺技术、制造安排和效益评估三者平衡协调的产物。标准成本的制定应以工艺技术为基础，结合制造流程和计划，同时应对资源耗费进行投入产出效益分析。标准成本执行差异分析也应分析工艺执行和生产安排的偏差。

④标准成本管理的概念。标准成本管理是企业在成本管理过程中借助标准成本，为产品确定一个标准，然后用标准成本与实际成本进行比较和分析成本差异，通过标准成本分析查找出引起成本差异的原因，明确存在成本差异的责任单位，并提出改进措施，以此来对企业成本进行有效闭环控制的管理方法。

⑤标准成本管理的内容。一是确定标准对象。企业为实现标准成本管理，应该先根据公司的生产经营需要和产品的生产特质，确定不同规格型号和不同生产流程产品为标准成本的应用对象。二是制定标准成本。财务部门深入，业务部门参与，对前期选择的对象采用历史数据和行业对标数据制定各作业环节或者各成本控制点的标准成本。三是实施过程控制。各业务部门根据制定的标准成本进行成本控制。四是成本差异计算和动因分析。成本差异计算与分析应按照成本项目进行，分为直接材料、直接人工和制造费用等成本项目的成本差异。针对大额差异进行重点分析，并采取处理措施。五是修订与改进标准成本。为确保标准成本的科学性和准确性，企业应该对标准成本进行定期或不定期的修订和改进。

⑥标准成本管理的作用。标准成本管理的作用主要有以下三点。

一是为成本控制提供支撑。标准成本管理是成本控制过程中最有效的管理方法之一，在管理过程中集中收集和整合所有的相关成本数据，为成本控制提供基础依据，而且可以及时、准确、科学地为成本控制提供相应的切入点。

二是为财务核算提供便利。标准成本管理是基于标准的生产流程来实施的，因此，标准成本管理的实施有利于财务在健全的标准基础上进行成本核算，同时可以简化财务核算中的日常账务处理。

三是为决策提供依据。标准成本管理要求将实际成本和标准成本进行对比后，对相应的差异进行分析，那么就能更为准确地为管理者提供相应的对比分析数据，以便管理者及时调整产品结构、工艺流程、人员结构等，以实现企业利润的最大化。

（2）目标成本管理

①目标成本的含义。目标成本是指在保证一项产品获得利润的条件下允许该产品所发生的最高成本。目标成本是企业生产经营活动中某一个时期内要实现的成本目标，是某个项目或确定时期内的成本要求，同时也是目标利润的进一步现实反映。

目标成本是期望达成的成本目标，是依据市场竞争要求确认的，这和单纯的成本核算有本质的区别。一般被大家普遍接受的目标成本计算公式如下：

目标成本 = 用户可接受的价格或竞争性市场价格 – 目标利润 – 税金

由以上公式可以知道，目标成本的最终数据实际上由价格和企业期望的利润所确定。目标成本的概念内涵丰富，既有目标概念，也有成本概念。目标概念是企业依据既定时期内或特殊项目情况下预期要实现的成本目标来实现盈利。而成本概念则是以成本损耗的发生数据为依据，根据市场的需求，确定目标价格，同时也依照企业的实际情况制定对应的利润目标。

②目标成本管理的含义。目标成本管理是对目标成本进行规划和管理，通过市场调研和分析，以竞争价格为导向，以企业利润为目的，以制定的经营目标成本为出发点，进行目标成本的分析分解、控制实施、考核评价的一系列成本管理工作。它以管理为核心，核算为手段，效益为目的，对成本进行事前测定、过程控制和事后考核，使成本管理由多数人参与，管理模式由核算型变为核算管理型，形成一个从企业层面到部门以及个人层面，多层次和多维度的目标成本管理体系，同时使全面成本经营理念配合企业的经营战略，按照市场竞争要求进行优化。寄望于通过对应的成本管理达到投入成本与产出效益得到长期优化，企业获得最佳经济效益的目的。

目标成本是企业构建目标成本管理的基础。目标成本管理是企业为实现相关目标成本而构建的管理体系，是实现目标的方法和手段。二者是辩证统一的关系，缺乏目标成本的制定、管理和控制以及反馈，目标成本就是空中楼阁，难以实现，而目标成本的相关理论，是企业建立目标成本管理体系的重要基础。

③目标成本管理的特征。目标成本管理的特征主要有以下三点。

一是全面性。目标成本的管理强调企业上下整体协作，全员参与，这样可以凸显每一个分支机构的特点。一个产品要想上市，必须先经过准确的市场调查后设计出具体的计划，这时就要同时考虑这个产品大致会产生的成本，确定大致的成本目标，之后按照拟定的目标成本采购原材料，并将产品加工至可销售状态，至于应该将产品定为何种价位，要根据所拟定的成本目标来计算可获得的利润，最终定下售价并上市。当然，目标成本管理不仅体现在产品生产的每一道环节，更是精细到企业的各个部门乃至企业的每名员工，形成所有员工配合、全部门参与的一种成本管理形式。因此，目标成本管理活跃于企业的每一步运营管理工作中，对企业的每一环节来说都至关重要。

二是未来性。目标成本管理是对企业将来生产产品所发生的成本进行提前防控。在后面的工作中，各职能部门只要按照被分配到的成本指标，努力控制本部门的成本，就能达到减少成本的目的。而以前的成本管理工作是在生产部门将产品生产出来后，才对已经发生的成本进行核算。目标成本管理创新了这一点，在生产部门生产产品之前就定好了产品生产过程中可能会产生的成本，对于即将产生的利润也有迹可循，既能保障企业降低产品成本的目的，还能提升成本管理能力。

三是效益性。企业经营的最终目的就是投入最少的资源获得最多的经济收益。目标成本管理是站在企业角度，有计划、有目的、有方法地控制企业的成本，通过这些行为增加企业获得的利润。企业奉行目标成本管理的最初想法就是保证企业能够获得最多利益，目标成本通过将降低成本额度的指标分解到各个职能部门，从而给企业带来更多的利润。在考核目标成本的完成程度时，降低的成本额度就作为衡量完成情况标准，来评价部门以及个人的目标成本管理工作是否到位。

（3）质量成本管理

①质量成本的含义。质量成本包含质量预防成本、质量鉴定成本以及由产品质量未满足企业生产标准、产品市场需求所引发的内外部损失成本。其中，质量预防成本是指企业通过采取措施预防不合格产品产出以及降低故障发生概率的事前成本。质量鉴定成本主要是指企业对于原辅料、工序、产成品质量进行检测时所发生的成本以及检验设备的折旧与维修费用。内部损失成本与外部损失成本是指产品质量标准不符合企业或客户要求所引发的成本，前者发生于产品出厂之前，而后者发生于产品出厂之后。企业外部损失成本由显性质量损失和隐性质量损失两部分构成，显性质量损失为企业实际支付的、需要在再生产过程中计入产品成本而得到补偿的有形损失，如废品损失、退货损失以及索赔费用等。隐性质量损失是指因企业提供的产品或服务质量低劣而导致的机会成本，虽不直接反映在会计账面中，但是会对企业效益及企业形象呈现持续性负面影响，如信誉损失成本及顾客流失成本等。

②质量成本管理的含义。质量成本管理是指企业为了实现最佳的质量效益，对于质量成本的形成采取积极控制手段的一系列科学管理工作。在现有技术条件下，对内外部损失成本、质量预防成本以及质量鉴定成本综合管理并形成最佳的组合，使总质量成本达到最小化。质量成本管理是对企业进行全员工、全过程、全范围的系统管理工程，管理工作的开展需要企业全体员工的参与，通过结合企业成本现状及客户市场需求，计划并制订质量成本方案，经过多部门协商之后选择最优质的成本管理方案，并编制质量成本预算。在管理过程中，各部门需要定

期如实反馈质量成本管理情况及管理偏差，并进行及时调整，最后依据管理计划完成情况实施相应的奖惩措施，激励员工提高质量管理及质量成本管理意识，帮助企业实现质量和成本的平衡，将质量管理与成本管理融合，提升质量成本投入的经济效益。

③质量成本管理的理论基础。质量成本管理理论主要包括以下两种。

一是全面质量管理理论。随着社会生产力和人民生活水平的不断提高，人们对产品质量的关注度也随之增加。从前生产力不发达，人们主要关注产品的使用价值，如今，各类产品多种多样，高性价比的产品才是人们喜闻乐见的，产品是否安全、是否实用、是否耐用等因素都影响着消费者的决策。同时，由于社会竞争的越发激烈，在企业管理中质量成本管理也变得日益重要。20 世纪 60 年代初，"全面质量控制之父"费根堡姆提出了全面质量管理的概念。全面质量管理强调全员、全过程、全企业参与以保证产品或者服务质量，是要求所有人员在统一体系分工协作的一种理论。在此理念下，产品质量贯穿于整个产品的生命周期。不仅在生产环节，在生产之前的设计环节以及在生产之后的售后环节，质量问题始终贯穿其中。质量问题不仅是质检员的责任，也是企业每个员工的责任，每个员工都要为产品的最终质量负责。不管是谁、不管在什么环节，只要发现产品存在质量问题，都应及时报告并妥善处理解决，不放过任何一个可能存在的隐患，力求产品质量达标、满足客户的要求。由此可见，全面质量管理要求企业管理者以预防为管理核心，防患于未然，做好事前控制；充分调动员工参与产品质量管理的积极性，不断完善质量标准，持续改进质量管理体系；从全局出发，兼顾好质量和成本的关系，发挥质量成本管理的最大效益。

二是零缺陷管理理论。20 世纪 60 年代初，"零缺陷之父""全球质量管理大师"菲利浦·克劳斯比（Philip Crosby）提出了零缺陷的管理思想。该思想主张企业在生产经营中要充分发挥人的主观能动性，极力靠近高质量标准的目标。零缺陷管理理论不仅要求全员参与，而且贯穿着产品的整个生命周期。它侧重于事前预防和事后检验，其核心在于"第一次就把事情做好"，不同部门的所有员工在不同的阶段、不同环节都要严阵以待，认真贯彻每一个标准，尽可能做到准确无误，从而无限向零缺陷的目标靠近。不过，它并不意味着完全没有缺陷，而是尽量做到没有缺陷。零缺陷管理理论认为，低质产品的生产会导致更高损失成本，只要达不到零缺陷就会存在成本，保持一个可接受的水平没什么现实意义。而且，哪怕产品的合格率再高，质量再好，对于买到存在缺陷产品的客户而言，产品的质量都是实实在在存在问题的，导致客户对品牌的信任度降低，从而损害企业声誉。

产品质量不是简单的"不错"就行，还要符合客户的需求。产品设计要充分考虑客户的各项需求，不同年龄、不同背景的人或者不同定位、不同文化的企业，各自有怎样的需求，这些需求如何达到一个平衡点，也是需要考虑的问题。

所以，衡量产品的质量也不能仅依靠各项指标，而是必须结合企业实际，用金钱来衡量，使管理者充分认识到有关问题是否重要、有多重要，及时适当地解决问题。"零缺陷"的理念应贯穿于产品的整个生命周期，与全面质量管理一起，共同指导企业做好事前预防，为企业的质量成本管理提供理论支持。

2. 现代成本管理理论

（1）作业成本管理

在作业成本管理的理念中，企业在生产产品或提供服务时，必然要进行作业，而这些作业就是企业产生成本的源头。因此，作业是企业进行成本费用计算的基础，但不是所有的作业项目都是有价值的，所以作业成本的控制，就是控制不必要作业项目的发生，同时也要保证有价值的作业项目的成本合理性。

（2）战略成本管理

①战略成本管理的内涵。"战略"一词起初是军事范畴当中的一个术语，后来慢慢演变成为一种企业的运营管理理念与管理模式。战略管理就是站到一种更高的层次上，以全面的眼光对企业的业务发展方向所做出的一种规划，其目的是使企业取得更长远的经营效益和更持久的竞争优势。

战略成本管理是战略管理与成本管理的有机结合，是企业在战略管理过程中运用战略成本信息进行决策，并在决策过程中对企业进行成本管理。战略成本管理是一种基于战略与成本的综合管理，对传统的成本管理进行改进，以适应不断变化的市场环境。它从战略的高度来对企业进行全面的管理，利用财务信息来帮助企业制定战略，努力增强企业的竞争实力。企业实施战略成本管理，即从成本发生的根源找出成本动因，综合运用定性与定量的有关资料和数据，在战略层次上全面地分析和调整企业的成本结构，进而对整个价值链进行有效的控制和管理，有利于提高企业的核心竞争力。

②战略成本管理的特征。战略成本管理具备以下四大特征。

一是外向性。关注企业外部环境的变化，重视产业前景、竞争对手的变化，把企业的成本管理情况放在整体的环境中进行全盘考虑，这样更能适应企业内外部环境的变化。

二是长期性。企业实行战略成本管理的目的在于保持长期竞争优势。这是一个漫长的战略过程，应确定长远的战略目标，以保证企业的长期竞争力。

三是竞争性。协助企业确立竞争战略，提高企业可持续的竞争能力。

四是动态性。由于企业外部环境的变动和企业自身竞争策略的变化，企业的战略成本管理措施也应该进行适当的调整。动态性也是企业战略成本管理中最明显的特征。

③战略成本管理的模式。传统成本管理模式是各种成本管理技术的综合，主要以降低成本为目的，利用一系列的成本管理方法，旨在让企业获得更多的利润。这种管理模式的关注重点只放在了企业内部的生产过程中，并没有实时关注公司外部的变化，忽视了管理的整体性和全局性，已经越来越无法满足企业发展的需求。

现代成本管理模式即战略成本管理模式。企业的成本管理作为企业的核心竞争力，其主要内容为：以成本为驱动、以价值链为工具，对企业的战略进行定位。主要涉及价值链分析、成本动因分析和战略定位分析，三者构成一个彼此关联、不可分割的体系。

（3）成本规划

成本规划是指在对企业的具体状况进行了全面的分析和评估后，确定其发展趋势，并进行有效的成本费用管理。企业如果具备较强的成本规划能力，可以根据已有经营活动和成本项目进行深入的剖析，找到更为适合企业提升利润的发展路径。同时，根据企业自身发展的客观条件，企业经营者必须通过对各种影响因素的综合研究，对企业成本进行最符合实际的规划，以达到提高企业经营效益的目的。

（4）全面成本管理

①全面成本管理概述。在企业经营管理过程中，全面成本管理是一项应用极为广泛的管理方法。在全面成本管理期间，管理过程能够优化与完善企业内部管理机制，及时处理、解决企业在发展过程中出现的各类资金问题，使企业内部资金能够得到科学有效的应用。现阶段，该种管理方法在企业中也得到了一定程度的普及。全面成本管理的应用使企业的利润得到了明显的提升、经营目标得到了实现、各项经营活动越发科学合理。此外，依托全面成本管理方法还能提高企业的综合竞争力，促进企业的可持续发展。由此可见，全面成本管理方法对企业发展产生的积极影响不可忽视。

②全面成本管理原则。全面成本管理原则主要有以下三个。

第一，全面综合原则。对于企业所涉及的各项活动而言，应做好科学合理的组织规划工作，对工程项目建设环节涉及的各项成本支出加以研究与分析，使各项工作的开展更加具有针对性。

第二，与企业发展战略结合原则。企业发展与全面成本管理工作质量密切相关，在成本管理环节当中，应将成本管理工作与企业未来发展战略相结合，对企业内部各部门的权责加以明确，使各部门相互协调配合，以此使企业发展战略目标得以实现。

第三，全体员工参与原则。为了提高全面成本管理工作水平，应确保企业内部各主体联系紧密，使全体员工能够实现及时有效的沟通与协调，积极解决传统沟通环节中存在的不足，使全体员工均能够保持良好的工作态度，以此提高全面成本管理工作的质量，强化企业的经济效益。

（5）产品生命周期成本理论

①产品生命周期成本理论的含义。产品生命周期这一概念于 1960 年由美国国防部提出，当时美国国防部出于节省预算的目的提出了这一理论。产品生命周期指产品生产的全过程，企业生产一件产品，从原料采购到加工制作，储存运输，到售出使用，最后报废处置，构成了一个完整的产品生命周期。该理论在各个领域都得到了广泛应用。

②产品生命周期成本理论的内容。从不同利益相关者角度出发，可以将产品生命周期成本划分为不同的内容。站在企业即生产者的角度，一个完整的产品生命周期成本主要包括三方面的成本：一是产品生产活动开始之前研发设计阶段的研发费用以及材料的采购费和运输费；二是生产阶段投入的料工费、能耗费等；三是产品生产完成后销售阶段所产生的宣传费、包装费等。站在消费者的角度，产品生命周期成本则更为简单，只包括产品的购置成本以及结束使用后的处理成本。站在社会角度，产品生命周期的成本应当包括生产中产生的废弃物处置成本。

二、施工成本管理相关理论

（一）施工成本管理的概念

施工成本管理是指工程施工前，对即将投入使用的所有资金做出预算，了解整个建筑施工的环节，管理控制施工过程中的资金使用情况，在兼顾质量与进度的前提下，将施工成本控制在最低。施工成本管理是施工企业的管理核心，施工阶段成本占整个项目成本的比例较高，同时也是项目开发单位注重的成本管理阶段。项目施工管理的主要内容是施工企业通过一系列的管理方法和管理措施，对项目自开工至竣工全过程的收入及支出实行优化和控制，以保障项目的整体建设成本在控制范围内。它包括项目责任成本的落实，成本计划的制订，成本指标的分解，成本控制、核算分析等。定期对工程实际发生的成本值与计划成本值进行对比分析是成本管理内容的核心，若发现实际成本偏离了计划成本且不在控制范围内，则要通过管理措施、技术措施等进行干预，纠正偏差，以便实现制定的成本目标。

（二）施工成本管理的原则

企业管理人员为了保证施工成本管理工作的高效推进，在管理过程中应遵循以下原则。

1. 成本最低化原则

通过各种管理方法和手段，降低施工成本，以达到可能实现的最低目标成本是施工成本管理的主要目的。项目管理者应合理处理工程质量、工期、成本三要素之间的关系，来达到项目整体的和谐统一。

2. 全面成本管理原则

想要达到成本最低的目标，就要组织以项目经理为核心的成本管理决策层人员对目标成本进行分析制定，对生产要素的投入、劳动的组织做好规划，对整个施工过程和经营管理进行全面负责。最重要的是成本管理的全员参与，营造群智经营的工作氛围，才能更加有效地实现成本可控。

3. 成本责任制原则

施工成本管理的关键是成本责任制的落实。企业在制订好成本计划后，与项目经理明确项目的目标成本责任，落实其责任、利益和权力并签订合同。项目经理则成了成本控制第一人，将项目的目标成本逐层划分，落实到管理小组的各部门，形成一个成本管理网络。

4. 成本管理有效化原则

成本管理有效化，一是促使项目管理部以最少的成本投入获得最多的项目收益；二是提升工作的效率，以尽可能少的财力和人力来完成尽可能多的管理工作。

5. 成本管理科学化原则

企业管理学的重要内容之一是成本管理，在施工成本管理的过程中，可以运用预测与决策的方法、目标管理法、挣值法、量本利分析法等。

（三）施工成本管理的任务和环节

施工成本管理的任务和环节包括施工成本的预测、计划、控制、核算、分析、考核。

1. 施工成本预测

成本预测是指结合工程项目的具体情况、企业施工技术水平、行业定额等，对计划中的工程项目成本水平和它的发展趋势进行科学的预估计算。成本预测是施工成本决策与计划的依据，根据不同的施工组织方案做出与之对应的成本预测，可以为管理者选择最佳方案提供有力的数据支持。施工成本预测的常用方法有以下三种。

①定量预测法，是以成本与影响因素之间的数量关系为基础，通过建立数学模型来推断未来成本的各种预测方法的统称。

②因果预测法，是明确成本与相关影响因素之间的关系，通过数学模型的建立对成本进行分析预测的方法。

③趋势预测法，是按时间顺序排列历史成本资料，结合模型预测成本的方法。

2. 施工成本计划

施工成本计划由直接成本计划和间接成本计划组成。施工成本计划是指以货币形式来编制在计划期内的生产费用、成本水平、成本降低率，以及为降低成本所采取的主要措施和规划的书面方案，它是建立施工项目成本管理责任制、开展成本控制和核算的基础，也是设立目标成本的依据。

3. 施工成本控制

施工成本控制贯穿于项目自开工至竣工的全过程，可分为事前控制、事中控制、事后控制。其核心是通过对人工、材料、机械及分包费用的强化管理使项目成本处于控制范围内，做好施工成本控制需要管理人员在保证工期、安全、质量的前提下，结合组织措施、经济措施、技术措施等减少不必要的开支。

4. 施工成本核算

施工成本核算一般以单位工程为成本核算对象，收集到的核算数据应做到项目形象进度、实际成本、产值统计的三同步，用以有效分析企业的经营效益和项目的管理水准。

5. 施工成本分析

施工成本分析就是依据会计核算、业务核算和统计核算提供的数据，与目标成本、预算成本进行比较，可以较为直观地反映出成本管理的情况，为成本目标的实现提供保障，成本分析常用的方法有差额计算法、因素分析法等。

6. 施工成本考核

施工成本考核是指运用一系列的考核指标或评价方法，对施工过程中各单位的施工成本管理工作进行的总结与评价。通过成本考核，可定性或定量地明确各单位或个人在项目成本管理中发挥的作用，明晰奖惩，切实提高全体员工参与施工成本控制的积极性。

第二节　施工成本管理的重要性和难点

一、施工成本管理的重要性

（一）能够提升建筑工程的经济效益

成本控制的结果直接影响了企业的运营水平。在具体实施中，原材料的性能、人员的工作效率和成本控制有着千丝万缕的联系。成本控制还是产品定价的重要辅助因素。

为了稳定市场地位，建筑企业在制定价格时往往需要全面了解各种因素。除本身的成本外，还要考虑正常损耗及市场其他影响因素。在成本控制体制下，综合评判相关因素，进一步获取有效的价格信息，从而提升建筑工程的经济效益。

（二）能够评估建筑企业的市场竞争力

建设中国特色新型城镇，给建筑企业带来了发展商机。随着越来越多的企业涌入市场，企业面临的挑战也在不断增加。竞争的关键在于质量控制和产品定价，质量占据优势的同时，成本越低，竞争优势越大，企业的经营发展越有保障。除此之外，成本管理也影响了企业的经营决策，在很多大方向制定时，需要参考成本数据，以便管理者做出准确的判断。

二、施工成本管理的难点探究

（一）施工成本管理制度缺失

在施工成本管理中缺乏完善的制度体系，也会影响工作推进的效果，无法与企业的长远发展战略规划保持一致，因此增加了施工成本管理目标实现的阻力。部分成本管理制度的实效性较差，存在滞后性问题，无法适应新时期工程建设的特点，同时规章制度的精细化程度不足，难以在工作实践中起到有效的指导作用，执行力度下降，引发成本管理的形式化问题。虽然构建了相应的项目经理负责制，但在实践工作中项目经理的责任意识不足，缺乏对施工全过程的成本控制意识。缺乏完善的管理组织机构，影响了各部门人员的参与积极性。缺乏完善的奖惩制度，导致工作人员对成本控制工作的关注度较低，在施工建设中容易出现资源浪费的情况，加大了企业的成本投入，在后续建设中面临的风险指数增大。

（二）施工成本管理基础管理工作不细致

部分建筑企业在项目实施过程中，对成本控制的基本工作没有做到细致、严格地落实，缺少对细节的把控，从而出现了很明显的软弱环节，总的来说，主要包括以下方面。

其一，建筑企业对预算无法形成统一编制，也没有具体的定额标准或指标体系。在项目确定以后，企业财务便以此标准进行预算，但结果在编制过程中，因为部分数值以及技术指标上的欠缺使得其结果无法在预算中反映，从而使得施工过程在实际进行中与预算结果产生了偏离。

其二，企业对施工过程中所需要的各种机械设备和原材料报价，没有准确的报价体系。这些信息统计的缺乏会造成原材料的实际成本与预算成本之间出现差异，无法与预算成本相匹配。这就会进一步造成在实际施工过程中物资供应会显得更为烦琐。

其三，施工企业在施工过程中，对各项技术指标的选择只能是遵循主流，而不能根据实际状况加以完善，如对施工所处区域的规定缺乏详细掌握，使得技术指标结果无效化，从而对施工成本管理产生负面影响。

第三节　基于 BIM 技术的施工成本管理应用

一、BIM 技术在施工成本管理中的应用优势

（一）自动、准确地计量

基于项目的全生命周期，工程计量花费大量的人工成本和时间成本，从前期招投标工作、预算报价，到施工过程中产生的变更签证、进度支付，最后到工程量结算，每一个项目阶段都离不开准确的工程量统计数据，而无论是传统的手工算量，还是利用算量软件计算，都要花费不少的管理成本，同时也无法保证数据

的准确性。通过 BIM 模型的建立，将施工主体可视化和参数化，利用系统模型进行工程量的汇总和导出，充分发挥 BIM 技术在成本管理中的独特优势，既大幅减少了算量工作的时间成本，又极大提高了计量的效率和准确性，有效降低了人为误差造成的损失和风险。

（二）实现精细化成本管理

基于工程项目的要求和标准不断提高，项目的精细化成本管理显得尤为重要。为确保工程能在成本控制范围内按期保质保量交付，必须制订科学合理的项目计划，并实现精细化的成本管理，针对项目各阶段进行合理的资源配置，以便提升工程的经济、社会效益。通过 BIM 5D 模型中不同施工阶段的空间、时间、工序和造价等数据信息，制订合理的施工计划和资源配置计划，准确把握不同时间段施工所需的人力、材料、机器设备，提前做好统筹安排，既保证施工的顺利推进，又做到精细化的成本管理。同时，可以利用 BIM 模型的动态模拟技术分析工程实际施工情况与制订的施工方案和计划有无偏差，通过在过程中不断调整和动态纠偏，实现资源平衡和资源优化，做到真正意义上的精细化成本管理，提升项目的经济效益。

（三）更好地控制工程变更

传统的工程变更需要通过查找施工图纸来确定发生变更的部位和内容，在此基础上手工计算变更所引起的工程量变化，这种方式复杂烦琐且耗力耗时，而且计算所得结果的准确性难以得到保证。利用 BIM 技术的协调性可以进行设计协调，对各专业模型进行碰撞检查，提前发现矛盾冲突点，优化并改进设计方案，大幅减小后续施工中出现变更的频率，降低施工成本和风险。同时，利用 BIM 模型可以及时准确地进行变更后工程量的统计，且发生变更后只要进行 BIM 模型的修改，系统就会自动更新变更内容、自动统计变更工程量。各参与单位可以通过 BIM 共享平台快速获取变更信息，及时进行沟通协调，更好地做出科学合理的决策。另外，BIM 平台上存储着施工阶段产生的所有变更信息，可以随时追溯和查询到工程变更记录，给以后的工程结算提供了完整的资料依据。

（四）支持多维度的多算对比

多算对比是有效进行施工成本控制的关键环节，其主要是从空间、时间、工序等不同维度进行分析比较的，仅仅从某一个维度进行分析可能会遗漏很多问题，但是从不同维度进行成本统计分析是需要重新对成本数据和工程消耗量进行拆分

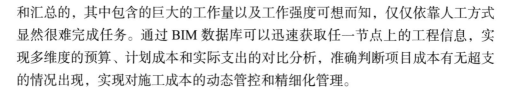
和汇总的，其中包含的巨大的工作量以及工作强度可想而知，仅仅依靠人工方式显然很难完成任务。通过 BIM 数据库可以迅速获取任一节点上的工程信息，实现多维度的预算、计划成本和实际支出的对比分析，准确判断项目成本有无超支的情况出现，实现对施工成本的动态管控和精细化管理。

二、BIM 技术在施工不同阶段成本管理中的应用

（一）项目决策阶段的成本管理

在施工成本管理的过程中，为切实提高施工成本管理工作效果，管理人员可根据工程实际标准和使用要求，利用 BIM 技术全面分析和深度评估工程项目的投资情况，并将收集到的信息和数据结果发布到各个系统中，通过信息共享实现动态化成本管理。以往造价人员在对工程项目成本进行预算编制时，需要提前调查、分析和研究，保证掌握工程中各项环节所需要的成本。在此期间，若某环节出现误差，造价人员就需要对预算编制进行重新审查，核实相关数据信息，以此来保证数据的真实可信、工程项目投资预算符合行业规定。

在 BIM 技术应用下，支持动态监控管理，减少了工作人员的实际考察工作量，且搜集、接收到的数据信息十分精确，便于造价人员在投资预算工作中将项目造价动态管控数值与施工材料进行对比，确保两者之间差值在规定范围内。此外，造价人员可将 BIM 技术应用到招投标阶段的成本控制中，快速计算工程量。通过有效的成本管理，筛选出最优方案，合理分配施工资源，便于控制建筑工程中各个环节的成本消耗，降低企业施工成本。

（二）工程设计阶段的成本管理

由于建筑工程流程复杂、环节众多，在图纸设计环节中需要多个部门共同完成此项工作。通过在图纸设计环节中利用 BIM 技术，构建数据信息交流平台，能够实现在同一平台、同一模型内，不同设计人员互不影响、共同设计。对于内部构造复杂的工程来说，通过参数化设计能有效控制建筑工程的形态变化、使用性能，在设计图纸绘制完成后进行前后对比分析，从图纸数据库中选出最合理的方案进行优化，可以有效简化图纸绘制环节、降低企业成本、提升设计质量。

同时，相同立体模型中的人员还可实现方案共享，能够及时发现方案之间的冲突，并采取行之有效的反馈和协商工作。由此可见，BIM 技术的应用可以有效提高工程设计的精准度和工作效率，避免了图纸设计冲突现象引发后续补救，可以有效缩减工程工期，进而降低施工成本。在建筑工程中，管线设计较为烦琐，

在传统平台设计图纸中未能体现建筑工程立体结构，很难通过观察图纸的方式发现构件之间、构件与建筑之间的碰撞情况，对施工进度产生很大影响。BIM 技术借助其模拟特性构建立体模型图来进行实际建筑构件的碰撞试验，有效解决管线设计中的碰撞问题，一定程度上缩减了工程工期，降低了施工成本。

（三）施工与竣工阶段的成本管理

在建筑工程开工后，相关施工材料及设备等价格可能会发生变化，这时需要相关人员严格控制工程成本，避免出现超预算的情况。施工企业通过应用 BIM 技术，可以分析之前收集到的数据信息，探索出一套相应的解决方案，保证在不影响工程进度的前提下，合理分配施工现场的材料、设备等，降低建筑工程的施工成本。施工企业也可以利用 BIM 技术，实现施工现场的材料管理动态化，避免施工人员出现过量领取，在施工阶段完成后出现材料浪费现象，有效控制材料的支出成本。应用 BIM 技术，实现了施工现场建筑工程构件的合理布局，极大地方便了施工人员进行现场施工，有效缩减了建筑工程的施工周期，提高了工程整体质量。在建筑项目工程竣工后，需要管理人员对工程造价核算工作加大审查力度，并进行整体性统计工作，保证核算数据的精确性。但此项工作所涉及的信息数据相对较多，仅凭人力是无法实现精准结算工作的。

第七章　施工安全管理 BIM 技术应用

　　建筑行业作为支柱性产业，为国民经济做出了巨大贡献，在行业现代化发展的趋势下，人们对建筑工程项目管理提出了新的要求。安全管理一直是困扰施工企业的问题，在各类建筑工程项目的实施中，面临的安全风险种类复杂多样，如果存在安全管理的漏洞，将诱发重大的安全事故。运用现代化的信息技术系统——BIM，可以有效地解决施工管理过程中出现的问题，提升施工的安全性。本章分为施工安全管理概述、传统安全管理的难点与缺陷、BIM 技术安全管理的优势、基于 BIM 技术的施工安全管理应用四个部分。

第一节　施工安全管理概述

一、施工安全管理

（一）施工安全管理的概念

1. 安全管理

　　安全管理是某一组织或个人通过采取一定的措施，使被管理对象的安全风险降低到可以接受的程度的过程。安全管理是现阶段政府有关部门的重要职能之一，也是每个公司、项目管理的绝对重点内容。安全管理的内核和关键点是风险管理，主要矛盾是安全与生产的关系，即风险与收益的平衡。

2. 施工安全管理

　　施工安全管理可以理解为面对某一具体行业的安全管理，其核心仍然是风险管理。通常意义上的建筑施工安全管理就是通过对建筑施工各个环节和工序识别危害因素、整改安全隐患、降低安全风险，最终达到减少安全事故发生和减弱事故影响的目的。

施工安全管理的内容主要包括以下几方面：获知建设工程项目概况、设计文件和施工环境等全面信息，辨识工程施工过程中可能存在的危险源，并据此制订安全专项方案；全方位地制定每个岗位的安全履职制度，包括各层级、各参建单位的管理人员和每一个工种的作业人员；完善针对具体项目的各工种安全操作规程，并督促工人在作业时严格遵守；工程项目各参建单位组建各自的安全管理专职机构和人员，对各自单位安全体系的运行做好监督，并及时对接上下级安全管理要求，监督施工过程中具体安全管理措施的落实情况；将安全绩效纳入个人绩效考核，奖优罚劣，通过考核的指挥棒引导全员落实安全生产工作。

（二）施工安全管理的理论

事故致因理论是探索大量典型事故的发生原因，并做归类梳理，归纳事故机理及创建事故模型，是对事故产生原因、发展过程与结果进行探索的过程理论，是项目安全管理中的重要理论。事故致因理论既能研究事故产生原因，还能对事故进行预测，确定哪些因素可能包含在未来事故中，并采取措施对这些因素进行控制或消除。研究人员在研究过程中针对不同事故，从不同视角建立了多种事故致因理论，较权威的有因果连锁理论、系统安全理论、轨迹交叉理论及 4M 理论等。因篇幅有限，本书仅介绍轨迹交叉理论的内涵。轨迹交叉理论属探究事故原因的理论，该理论将事故成因概括为设备故障与人为失误，并通过两事件链的轨迹交叉来寻求交叉点，还指出人和物的轨迹交叉点为事故发生的时间和空间点，强调人与物在事故发生中的核心作用，为相关人员制定安全事故防范对策提供参考。

轨迹交叉理论模型强调切断物的不安全状态运行轨迹来避免两条轨迹相交，阻断事故发生路径。因此，在实际项目施工中，可选择自动化程度及可靠性较高且拥有安全保障的机械设备，这样，机械设备的安全装置便会在人们发生无意识失误时起作用，会终止不安全行为轨迹运行，杜绝事故发生。综上所述，项目实施过程中使事物保持安全状态能较大程度减少伤亡事故。

（三）施工安全管理的原则

1. 系统原则

系统原则即使用系统化的观点、理论与方法对安全管理活动进行系统性的分析，以此来实现安全管理的优化。以系统理论为基础，协调好安全管理和成本、质量、进度之间的关系，不仅要实现安全生产的目标，还要使安全管理对成本、质量、进度起到促进作用，进而更好地优化安全管理。

2.人本原则

安全管理的主体、客体都是人，在安全管理中必须坚持"以人为本"的原则，必须把人摆在首位，一切以人为主，管理活动是围绕人展开的，管理的各个环节都是由人展开并落实到人的，所以在安全管理过程中必须充分调动人员积极性，保障人员的安全，充分发挥人的主观能动性。

3.预防原则

在施工过程中应该坚持"预防为主"，安全管理应该做到在事故发生之前灵活运用各种管理与技术措施做好预防工作以避免事故发生，提前制定好事故预防的措施、方案，避免人的危险行为和物的危险状态引发安全事故。

4.动态控制原则

施工过程是动态的，安全管理也应随着施工进度而动态变化。根据施工现场的实际情况，调整安全管理计划、方案和措施，确保安全目标的顺利实现。

5.强制原则

建筑项目应该强制进行安全管理，严格按照规范、约束执行，不得放松安全管理的要求，避免出现人的不安全行为而造成事故的发生。

6.风险安全原则

通过认定施工现场的风险来源并评估风险级别，来控制和管理安全隐患，消除或降低项目风险。

7.安全经济原则

施工项目要注意经济效益，也要注意安全管理，并重点关注安全管理。为了确保安全，还必须提高项目的整体盈利能力。

（四）施工安全管理的内容

安全管理与生产管理相互促进、相互统一，但安全管理是整个管理工作中的基本原则和底线。为了规范工程施工安全管理，需要在实际施工全过程中，以危险因素的预防为主、加强生产过程中的安全监管，任何项目一旦不符合监管要求或违反了安全规则，就需要及时整改并在整改合格后才能继续开工。也就是说，安全管理和生产管理在发生矛盾时，需要以安全作为优先考虑的原则。

在施工过程中，涉及诸多利益相关者，包括施工总承包单位、专业分包单位、劳务分包单位、工人、管理者、当地居民等，其财产安全、人身安全都与施工安全管理活动紧密相关。因此，施工单位一定要落实好施工安全管理工作，做好事前管理、事中管理和事后管理的工作。

施工安全管理的内容主要包括以下几个方面。

1. 安全管理制度的设计和规范化

任何一个施工项目的安全管理都需要依据规范化的、全面的、体系化的管理制度和规范，包括设置专门的安全管理机构、配置安全管理工作人员（安全负责人、项目负责人、专职安全员、巡查员等），各个岗位也需要明确安全上岗规范和安全操作规范指南。任何环节一旦出现安全问题，可以根据安全管理制度进行规范化处理。在实际工作中，承担项目施工的往往是分包方，而承包方负责安全监督，分包方需要根据承包方提出的安全要求来履行安全管理的职责。另外，承包方和分包方之间必须制定一个具有约束力的安全保证体系和安全资格认证，确保分包方能够认真履行安全生产管理的责任，对安全生产的承诺做出实际行动。

2. 安全责任制的制定

安全责任制与安全管理制度有所不同，前者是安全生产的重要保障。一般情况下，施工项目的安全监管机构往往依据国家法律法规、技术标准来进行安全检查，责任制的落实有助于法律法规和技术标准能够在实践过程中得到落实。实际工作中，项目经理就是重要的承担和分配安全生产责任的角色，负责安排安全生产检查小组来进一步落地实施安全责任制。

3. 安全培训和教育

培训和教育的目的是让管理者和一线工作者强化安全意识、提高安全管理综合素质、确保人身安全、提高项目安全管理的水平。在实际工作中，一线工作者需要持有相关安全资格证才能上岗，并且在工作中要不断进行安全生产培训的再教育，从而保证规范的操作习惯。一旦安全资格证到期，要及时安排再教育、再培训，确保安全生产技术的及时更新，保证施工安全进行。另外，培训和教育要兼顾安全意识、安全知识和时间操作三个方面的内容，以全面提高相关人员的安全责任和具体实践技能为目标。

4. 安全管理制度

管理必然涉及资源配置问题，包括安全物资配置、资金配置、人员配置等方面，同时涉及日常管理过程的制度建设。例如，值班制度、例会制度、检查制度、验收制度、奖惩制度、事后报告制度等。

（五）施工安全管理的特点

施工安全管理是一种针对安全生产全过程的跟踪管理，以事前预防为主，再结合事中管控与事后追责。安全管理的对象不仅涵盖全体建筑工人的安全和健康，还包括建筑本身、施工现场物料的质量安全。施工活动的危险性高、差异性大等特性，导致了施工安全管理具有如下特点。

1. 复杂性

施工安全管理的复杂性主要由施工活动的差异性引起，具体体现在地区、参与方和现场要素方面。地域差异大，统一的标准难以适应我国不同的地区，这就给整个建筑行业的安全管理增加了难度，各种规章制度的更新、行业的监管都需要付出更多人力、财力和物力。建筑施工的参与方众多，一般有五方责任主体，还会涉及上级政府主管部门和下级材料供应商等。从施工企业来看，数量多且资质、规模、资金实力都不相同，统一的施工安全管理方案在面对每个具体项目时需要进行大幅度的调整。另外，一个施工现场汇集了"人、材、机"等多种要素，管理体量庞大也导致了施工安全管理的复杂性。

2. 限制性

一般情况下，建设单位承担的安全管理责任有限，施工单位几乎承担着全部的现场安全管理任务，但在施工单位进行安全生产管理时，会在一定程度上受到建设单位资金、工期等方面的制约，这就导致了施工安全管理的限制性。

3. 综合性

建筑施工安全管理可以采用法律、经济、科技等多种管理方法，而且建筑施工安全管理不仅仅是对安全的管理，还要在生产、质量、进度、成本等方面实现协同，施工现场的环境不仅十分复杂而且时刻都在发生着变化，对施工人员、建筑材料、设施设备等都要进行动态性、集成性的综合管理。

4. 特殊性

（1）管理结构具有特殊性

施工现场不同于一般企业，施工任务的主要承担者有总包单位和分包单位，而这两者并不是传统企业意义上的上下级或者部门从属关系，这种特殊的管理结构需要在各单位组织协调上消耗管理人员更多的精力。

（2）人员的岗位要求具有特殊性

第一，全面的专业知识和技能。施工安全管理的复杂性体现在现场涉及的工序种类多、范围广等方面。要对施工各个阶段、各个工序都进行安全管理，施工安全管理人员需要具有扎实的专业技术能力，清楚各项工艺的规范和标准，而且不仅要熟悉普通的安全常识，还要熟悉施工相关的质量规范、安全规范等，因为建筑物质量不合格也是引发安全事故的重要原因之一。另外，相关研究表明，施工安全管理人员不仅需要运用专业知识技能在施工现场实现较高水平的安全管理效果，而且需要对相关安全问题进行分析，并从施工企业发展的角度提出可行性建议。

因此，施工安全管理岗位需要非常全面的专业知识和技能，应将其纳入施工安全管理人员岗位胜任力的构成要素中。施工安全管理人员需要不断地学习、实践，来提升专业知识和技能水平，外部的行业竞争、社会要求、所在企业要求等因素，能够迫使施工安全管理人员保持学习的积极性。

第二，沟通能力、组织协调能力与领导技巧。施工安全管理的复杂性和限制性，以及管理结构的特殊性，决定了施工安全管理人员需要对接各个单位、灵活处理各方关系，所以良好的组织协调能力不可或缺。另外，进行施工现场安全管理时，所面对的人员数量多、工种多，且其受教育程度较低，对专业化的语言很难理解，所以要求施工安全管理人员既要具有一对多的领导能力，又要掌握沟通技巧，能够通俗易懂、简单明确地传达安全指令。

因此，在施工安全管理人员岗位胜任力的构成要素分析中，应该着重考虑沟通能力、组织协调能力与领导技巧。施工企业如果能够加强教育培训、强调科学安全管理、树立领导榜样，将极大地提高施工安全管理人员的领导能力。

第三，优秀的身体素质。施工活动的危险性和施工安全管理的复杂性对施工安全管理人员的身体素质提出了要求。一个单项工程往往占地面积大，可能包括成片的住宅楼、厂房等，安全管理的内容多，安全巡视、安全检查范围广，导致施工安全管理人员的工作相较于其他岗位工作时间长、工作环境较为恶劣，所以要有优秀的身体素质，在工作中保持充沛精力。

个人的身体素质往往与年龄密切相关，所以年龄和身体素质都能够对施工安全管理人员的岗位胜任力产生一定影响，在后续影响因素识别中，都可以纳入个人因素进行考虑。

第四，安全意识与心理素质。施工安全管理人员在施工现场的主要工作就是进行安全管理，所以他们必须具备较强的安全意识和较高的安全重视度，能够敏锐发现各种表面或者隐蔽的不安全因素。施工活动作业危险性高的特点，意味着施工安全管理人员将会面对突发的安全事故，所以，需要他们在突发事故面前，能够保持稳定的心态，及时正确地疏散人员、上报事故。

因此，安全意识和心理素质是施工安全管理人员岗位不可缺少的要素。外部的行业竞争、社会态度和企业的安全规章等迫使施工安全管理人员不断提高安全意识，始终绷紧"安全的弦"，充分的安全培训和安全演练也能够提高施工安全管理人员的心理承受能力，提高其解决安全问题的熟练程度。

（六）施工安全管理的目标

在实施工程项目时，不断加强对安全管理工作的要求，就必须保证施工项目的整个实践阶段都是处在正常范围内的，制订安全指标时，向建筑安全部门制定的安全标准看齐，还要确保符合企业所计划的管理目标的要求。换句话说，在施工过程中，通过有效的应对手段，构建完整的安全控制系统，将施工项目中的物、环境、人都控制在安全的范围内，尽可能避免发生安全事故，降低潜在安全事故发生率，最终完成安全生产的目标。

要想确保工程项目能够顺利完成安全管理的工作目标，应当注重处理好下述几种关系。

第一，安全与危险联系紧密。安全与危险从来都是联系在一起的，在事物的运动中紧密相连，如果危险不会发生，那么推动安全管理工作就失去了现实意义。安全管理的目标就是防范危险的出现。不过，安全与危险并不是等量的，因为事物并不是一成不变的，因此安全与危险也在不断改变自身状态。所以，做好安全管理工作，要考虑整个过程，注意动态性、全面性。

第二，施工项目实施时，实现与安全要素的统一。项目在实施时，要想让项目顺利达到目标值，就必须确保物、环境、人都控制在安全的范围。所以，在项目实施过程中，安全是最基本的要求。

第三，兼具安全与效益。将各项安全技术措施付诸实践，可以弥补作业条件的不足，取得一定的经济效益。所以，安全与效益密不可分，安全能促进效益，在推动安全管理工作进程时，适当投入一定的安全设备，在能够确保安全生产的同时，兼顾经济效益。

（七）施工安全管理过程及危险源识别

建筑施工是一个复杂的过程，施工安全管理也是一个复杂的过程。构建安全管理的基本过程如下。

先根据项目的实际性质确定项目安全目标。然后，规划项目场地周围的区域和项目详细信息，划分住宅和建筑场地，并确定将材料储存在何处以及在何处放置塔吊。接下来，在进入施工现场之前，向相关人员提供安全培训和技术培训。确定施工过程中存在的风险。在开始施工之前，先评估技术计划的可靠性、现场布局和项目实际性质的主要风险。在施工阶段，重要的安全部门要提高项目风险的敏感度、诊断能力以及对项目风险的评估能力。与施工相关的环境或政策方面的重大更改需要进行审查并确定主要风险。在不断创新和发展中，过去的管理流程得到了完善，最终达到了安全管理的目的。

从上述施工安全管理的基本过程中，可以看出，施工安全管理最重要的方面是识别建设项目中的危险和风险因素并提供适当的安全措施。因此，建设项目安全管理的基本要求是知晓风险来源。

危险源是安全事故的根源。所以，为使项目顺利进行，避免施工中发生危险事故是十分重要的。

第一类危险源指的是有害能量或物质以及物质的危险状况，和环境因素有关。通常是一些物理实体。这一类危险以建筑项目中的人员和材料配备强大的设备（运输车辆、塔吊等）、坚固的材料和设施（混凝土坑）、家具和能源（人造电缆、风力涡轮机等）、外部能源（地震、极端高温）等形式出现。

第二类危险源包括四种主要类型，即人、物、方法和管理。

①人的不安全行为。这就是说违反所规定的标准，也就是不遵守技术安全规则的建筑工人可能会造成事故。人的不安全行为可以分为三类：使用危险源、移动安全设备和不规则操作。

②物的不安全状态。物的不安全状态是指机器、设备、材料等由于性能不佳而无法执行预期的功能。

③方法的不安全因素。这一部分包含施工计划的合理性，指的是生产过程中要遵循一定的方法和原则。

④管理的不安全因素。管理涉及管理人员、方法和物料。人员的管理包括人力资源开发和人力资源分配。方法管理包括管理基础设施的工作和施工方法。物料管理是管理包括车辆和零件在内的设备。

二、施工安全管理体系

（一）安全管理体系

安全管理体系是一种管理方法，是正式的、自上而下的、有条理的管理安全风险的做法，包括安全管理系统的程序、措施和政策。可以用以下三个术语来理解安全管理体系的定义：安全、管理、体系。它不是一个应用软件，而是一种管理模式，是一套管理方法。

区别于平常的安全管理，成形的安全管理体系具有系统性、持续性和规范性的特点，也从传统的事后补救改变为事前预防。通过主动、积极地开展安全信息的收集、系统评价、危险源识别、风险评估和风险控制活动，充分发挥安全管理体系的作用。安全管理体系包含四个主要部分：安全政策、安全保证、风险管理、安全促进。在不同的行业中，安全管理体系的关键构成要素不完全相同，但是四个主要部分是共同存在的。

（二）建立安全管理体系的必要性

第一，是确保施工人员人身安全的需要。建筑工程施工人员素质参差不齐，一些人员安全意识淡薄，施工过程中容易发生事故，威胁施工人员人身安全。在建筑工程建设中，做好安全管理工作，加强对施工人员的安全培训，可以减少安全事故的发生，保证施工人员安全。

第二，是保证施工进度与施工质量的需要。做好安全管理，可以保证建筑工程按照提前制订好的计划施工，做好协调工作，确保施工能够有条不紊地进行。施工人员严格依据安全管理中的具体规定开展施工，能够避免由于安全事故而延误工期，确保建筑工程能够按期竣工。

第三，是适应市场经济管理体制的需要。随着我国经济体制的改革，安全生产管理体制确立了企业负责的主导地位，企业要生存发展，就必须推行"安全卫生管理体系"。

第四，是顺应全球经济一体化趋势的需要。建立"安全卫生管理体系"，有利于抵制非关税贸易壁垒。因为世界发达国家要求把人权、环境保护和劳动条件纳入国际贸易范畴，将劳动者权益和安全卫生状况与经济问题挂钩，否则将受到关税的制约。

第五，是参与国际竞争的需要。我国加入 WTO（世界贸易组织）后，国际竞争日趋激烈，而我国企业的安全卫生工作与发达国家相比明显落后，如果不尽快改变这一状况，就很难参与竞争。"安全卫生管理体系"的建立，就是从根本上改善管理机制和改善劳工状况。所以"安全卫生管理体系"的认证是我国企业进入世界经济和贸易领域的一张国际通行证。

（三）施工安全管理体系的构建依据

建筑企业安全管理体系的构建应符合国家法律法规、行业规范的规定，另外要以企业现阶段安全管理水平的客观实际为依据。一般来说，构建建筑企业安全管理体系的依据主要有《中华人民共和国安全生产法》、《建设工程安全生产管理条例》、《建筑施工安全技术统一规范》（GB 50870—2013）、《建筑机械使用安全技术规程》（JGJ 33—2012）、《建筑施工安全检查标准》（JGJ 59—2011）、《危险性较大的分部分项工程安全管理规定》（住建部令 2018 年 37 号）等规范性文件。

（四）施工安全管理体系的构建目标和构建原则

1. 施工安全管理体系的构建目标

以系统论的相关理论和方法为依据，以无安全事故发生为管理目标，构建一个以施工全过程为对象，施工单位为主导，企业以及班组为参与方的施工安全管理复杂系统。

构建的施工安全管理系统，应达到以下几点要求。

①权责清晰。厘清各方、各机构、各部门以及各人员的生产责任，梳理对应岗位职责，构建权责清晰的施工安全管理体系。保证系统中各方分工有序，安全管理主体明确且有相应的奖惩机制，避免出现管理主体缺失、错乱，管理范围重叠等安全管理责任不清的问题。

②动态更新。施工安全管理体系自身处于一个不断变化的环境系统中，因此构建的安全管理体系强调管理人员在管理过程中对管理方法和手段不断进行更新和改进，形成 PDCA（Plan 计划，Do 执行，Check 检查，Act 处理）循环管理过程，从而保证每项控制措施、管理方法都能有效地发挥作用，落到实处，更好地控制或消除可能发生安全事故的隐患，保证系统安全目标的实现。

2. 施工安全管理体系的构建原则

（1）以人为本原则

管理的关键要素即是对人的管理，人不仅是执行安全工作的实际操作者，也是受到管理约束的客观个体，因此，构建安全管理体系首先必须符合人的特点和需求，发挥人的作用。这也是安全管理体系构建最根本的目标。因此，安全管理体系的构建必须坚持"以人为本"的原则，要考虑人的实际需求，保障其在安全方面的基本权利，同时，还要调动人们主动参与安全管理的积极性。

（2）创新性原则

实现安全管理不断向前发展的动力之一就是要不断创新，因此只有在组织机构搭设、规制的合理性和措施的执行落实等方面摆脱传统低效的安全管理思维的束缚，积极探索运用"互联网＋安全"等创新思路，利用观念、技术和组织形式的创新，才能实现安全管理的设定计划。

（3）全面性原则

能够覆盖企业所有部门、全体人员是安全管理体系构建的基础，要坚持以全过程、全员、全方位管理为目标，使施工安全管理体系能够适应企业全体员工以及各种工序工种对安全管理的全部要求。

（4）动态管理原则

企业内外部环境随时都会产生变化，因此，在安全管理体系构建过程中要能够根据企业实际变化而随时完善，以满足新的安全要求。另外，还要重点关注实施过程中发现的新的问题，并不断加以改进和提高。

三、施工安全管理计划及措施

（一）施工安全管理计划

施工安全管理计划是根据项目特点进行安全策划形成的文件，并且在项目施工过程中不断地调整和完善，体现了安全管理的目标和总体思路，施工安全管理计划是进行安全管理的指南。常见的施工安全管理计划主要包括以下几点。

第一，项目概况。主要是对项目的基本情况以及可能出现的主要的安全隐患进行介绍。

第二，安全控制和管理目标。明确安全管理的总目标和各个子目标，并把目标具体化。

第三，安全控制和职责权限。明确安全管理的工作过程，并确定相应的事故处理流程，根据不同组织层次制定职责和权限。

第四，安全管理组织结构体系。主要包括安全管理组织结构形式以及组成部分。

第五，规章制度。主要包括安全管理制度、岗位职责以及部分关键工作的操作规范。

第六，资源配置。根据项目的特点，配置安全管理所需的设备和材料资源。

第七，安全措施及检查评价。根据项目的施工流程制定安全技术措施，并明确检查和评价方法。

第八，奖惩制度。明确奖惩标准和办法。

（二）施工安全管理措施

施工安全管理措施是施工项目安全管理的核心内容，主要包括落实安全生产责任制、安全教育、安全技术交底、安全检查、施工安全技术措施五部分内容。

1. 落实安全生产责任制

施工安全技术措施的实施关键在于落实安全生产责任制，建立以项目经理为首的安全管理机构，承担安全生产责任。建立各级安全生产制度，落实各级员工的责任和权利，并且设置监督管理机构对生产资质以及执行情况进行监督审查，协助项目经理共同推动安全管理工作顺利进行。

2. 安全教育

安全教育可以增强员工的自我保护意识，有助于防患于未然。安全技术教育可以使一线员工了解和掌握施工生产的流程、安全生产的注意事项，进而掌握安全技术的操作规程。通常进行三级教育，即企业、项目、班组三级。首先，最高级别的安全教育由企业组织。其次，进行项目部组织的安全教育，并实行考核上岗制，建立培训档案制度。最后，进行班组安全教育，落实到具体工作中去。

3. 安全技术交底

项目经理必须设置逐级的安全技术交底制度，并且延伸到班组全体人员，主要采取口头和书面结合的形式，安全技术交底主要包括项目的施工作业特点、安全隐患、针对安全隐患采取的具体防护措施、安全注意事项、相应的操作规范以及发生事故后的急救措施。

4. 安全检查

工程项目的安全检查是消除安全隐患、防止事故发生、保证项目安全顺利进行的重要手段，是安全管理工作的重要内容。由施工方负责组织，具体的安全检查部门负责执行。通常设置专门的安全管理人员，发现安全隐患及时指出，并提出相应的安全防护措施。

5. 施工安全技术措施

施工安全技术措施是指工程项目施工过程中，针对项目的具体特点、施工环境、使用机械设备、架设工具等制订项目的施工安全措施。常见的工程施工安全技术措施主要包括起吊设备及脚手架的选用和安全防护措施、高空作业的安全通道、安全网的设置、防火防电防爆等装置以及施工人员的个体防护装置等。

第二节 传统安全管理的难点与缺陷

一、监管体系不完善

近年来，我国出台了一系列法律法规，但是相关规范、标准的制定仍然有待完善，尤其是一些地方性的配套法律法规相对滞后，并且得不到实时更新，由此造成标准不统一、贯彻力度不够、执法不严、有法不依等现象。

监督体系不完善，在目前"综合管理、行业主管"的安全管理体系中，存在管理部门职能转变相对落后、管理职能较为分散、技术装备较为落后的问题。在我国房屋建设安全监督检查机构中，大部分基层安全监督站监督人员的配备不足，并且不能得到及时有效的培训，导致相关工作人员的专业素质严重欠缺，不能很好地适应工作的需要，并且在较为先进的安全监测设施的配备上也存在资源匮乏的情况，缺乏科学有效的监管方法，导致监督管理工作不能有效深入地开展。

二、施工单位管理不到位

施工单位为了增加企业的收益，常常降低建设项目安全措施费的投入。同时，受到社会宏观经济发展的影响，建筑企业日益注重企业经济效益，这种现象可以被称为注重建设和生产的效益，而忽略了施工过程中的安全管理。有些公司为了开拓市场、承揽项目，盲目扩张自己的生产和建设规模，但是为了降低成本，它们刻意避开工地的安全管理，也没有对员工和技术人员进行过专门的安全培训。在建筑施工现场，由于缺乏专业化的安全培训，现场安全事故时有发生。盲目地追求进度，忽视现场施工人员的安全培训及教育，工人不能按预定计划和安全原则进行施工作业，在这种情况下完成的项目，无法保障企业的良性发展。有的工人在建筑施工安全防护设备未配齐的情况下就直接上岗，工人的安全意识存在着偏差，严重妨碍了安全生产的顺利进行。

三、施工人员素质有待提高

在我国当前的施工队伍中，部分工人的文化水平不高，而这种情况在一定程度上会为施工安全埋下隐患，并且一些工人的安全意识相对薄弱，在一定程度上增加了安全问题发生的概率。另外，一些工人在实际施工中不能对自身安全有充分认识，安全意识缺乏，在较为危险的环境中也经常有施工人员不佩戴任何保护措施进行施工的情况出现。

四、施工安全隐患多

第一，从我国现有的大型建筑工程施工现场的情况来看，一些建筑施工企业未贯彻和落实日常工作中安全工作的监督和管理，有一部分施工单位制定了相应的安全培训和定期巡查的制度，但大都停留在纸面上，忽视了建筑工程施工安全管理的监管和落实。

同时，一些施工单位的安全员存在不具有安全资质证书的情况，在无证的情况下盲目上岗作业；也有一部分安全员为严格按照相关的国家规范和行业标准落实制度，人为地降低了安全问题的处罚力度。一些施工单位过分地追求施工进度，从而忽视了施工人员的违规行为，一些安全员主观认为一旦发现安全问题，就必须要停工整改，这会影响建筑工程的施工进度，会对施工单位造成巨大的经济损失。因此，建筑企业自身监督和管理检查的缺失，是安全管理的难点之一。

第二，建筑工程施工现场的安全隐患较多，大大增加了出现安全风险的概率，也对建筑工程施工安全管理造成了很大的困难。例如，在施工现场存在的高空作业、机械伤害以及火灾等安全隐患都会引发安全事故。此外，还有很多安全隐患和风险的隐蔽性较强，如缺乏规范且标准的安全资料，导致施工的安全管理出现混乱、缺陷和滞后等问题。又如，缺少相应的专项预案制订，或者审批不到位以及违章操作等，都会影响建筑工程施工的安全管理。

五、管理力量不充足

从总包单位到专业分包单位，都存在着严重的安全管理人才短缺问题，很少有建筑企业可以满足在施工现场配备专职安全管理人员的条件。在进行大型工程项目施工时，安全管理人员的短缺导致很多监管盲区出现，给安全生产埋下安全隐患。

目前，许多施工单位的安全生产管理人员的素质参差不齐，一些项目没有专职的安全管理人员，而往往由现场管理人员或技术人员兼任，这些人员本身工作繁忙，难以有效地做好安全管理工作，同时其自身的安全管理知识欠缺，管理过程中缺乏说服力，难以有效开展安全管理工作，导致安全管理无法达到应有的效果，安全检查、隐患排查、安全教育、安全培训等工作更是无从谈起，安全管理成为空话，安全教育以及安全检查工作更是一种形式。部分安全管理人员的综合素质和能力还不够强，缺乏专业的安全知识、责任意识、管理能力和管理经验，特别是在机械设备以及现场用电等安全知识方面，安全监管不能充分发挥应有的作用。

六、安全管理制度不完善

目前，一些施工单位对施工现场的安全管理还没有形成一个完整的、统一的管理模型，在很多时候都是根据自己的管理经验来进行的，这就直接造成了工程施工中存在的一些安全隐患。此外，施工现场安全管理工作的开展，需要各方面、各单位的协同努力，才能取得良好的效果。但在实际的施工现场安全管理过程中，人们往往把安全管理工作看成是管理者的工作，对施工现场的安全管理没有很好地协调，有的地方还存在着分工不清、职责模糊等问题，进而导致在出现安全问题时相关人员逃避责任的现象。

七、安全考核制度缺乏可行性

目前，许多项目对安全员和安全管理者的考评体系都不够完善，奖励少、惩罚多，惩罚的规定比较多并且细化，而奖惩方面的规定却是不可行的而且还不明确。这样不完善的奖惩考核体系，既不能培养员工的安全意识，也容易让员工产生消极的情绪，不能有效地激发员工的工作热情和纠正错误的积极性。同时，企业制定的奖惩制度也难以执行。例如，对安全管理进行的处罚，相关人员不会主动缴纳罚金，一般都是劳务公司支付。基于这种情况，受罚的人不会吸取教训，没有动力去改善错误的施工行为。

八、施工现场条件不稳定

在一些建筑工程施工现场，施工环境条件不稳定且布局较为混乱，施工人员和管理人员甚至对于施工现场的材料、设备等布置情况完全不清楚，这都是引发施工安全事故的重要原因。一般来说，建筑工程的施工现场大多暴露在外，受自然环境因素的影响比较大，特别是在建筑工程的主体结构和土方工程等工序施工的过程中，常常因自然环境因素的影响而出现安全事故。此外，施工现场人员的组织协调能力欠缺也会导致安全事故的发生。由于施工组织协调不够合理，施工现场混乱不堪，会出现交叉作业的情况，很容易发生安全事故。因此，施工现场条件不稳定、布局不合理是目前施工安全管理的一大难题。

九、材料设备管理不规范

建筑产品与一般产品相比，其施工作业劳动密集程度高，施工现场环境复杂多变。在建筑工程的施工现场，安全管理主要包括材料管理、设备管理等多个方面。如果采用的材料、设备存在安全隐患，就会给安全管理作业带来各种不良影响。除此之外，管理人员在开展材料、设备管理作业时，会出现不规范的情况，这会增加各种安全事故的发生率。

十、施工安全管理中安全成本投入不足

随着建筑市场的激烈竞争，建筑企业盲目追求利润最大化，没有关注安全生产带来的效益。承包商最关心的是如何节约资金和降低成本。安全管理通常被认为是公司计划中的次要事项。大多数承包商认为安全管理是浪费金钱，因其对安全预防计划在降低成本和提高生产效率方面的有效性认识不深。

建筑工程的安全管理设施和技术力量达不到相应的标准，使管理者无力做好安全防控工作。例如，项目部不愿增加安全成本，导致安全措施费用得不到保证，安全防护、信号装置和个人防护用品存在缺失和缺陷。在类似情况下，机械设备、工具和附件也存在缺陷。

第三节　BIM 技术安全管理的优势

在整个建筑领域当中，BIM 技术的应用范畴是十分广泛的，举例来说，在土建专业领域和电气专业领域等都可以引入这一项技术。同时，在建模设计的过程当中，可以借助几个坐标系来进行约束作业，这些坐标系可以进行工程设计活动以及颜色规划活动等。通常来看，在传统建筑作业工程当中总是会面临一些困境和危机，那就是建筑领域几个相关专业总是独立完成工作，这样就会导致一些信息不对称的风险危机出现。然而在 BIM 技术的支撑和影响下，可以全面地规避信息不对称所带来的问题。BIM 技术的产生，不仅可以提升计算工作的灵活性，同时也可以提升计算工作的精准性。这也意味着积极地引入这一种基础手段，可以让建筑工程不同部门和不同环节实现信息的实时传输，同时也可以尽可能地提升工作效率，为总成本的降低打下坚实的基础。除此之外，该技术可以对施工过程的现场环境进行弥补，这样就可以让建筑施工作业更为优化。而且在这个技术平台之上，很多施工信息或者是施工图纸的保存可以长达几十年。

一、进行图纸会审

在图纸会审的过程当中一旦发现工程图纸的质量问题，就可以积极地引入

BIM 技术。在工程推动实施的过程当中，借助于 BIM 技术可以构建可视化的模型架构。如此一来，建设单位以及施工单位就可以更为直观地对施工设计方案进行观察，也能够为操作提供基础支撑。与传统的 CAD 制图相比，BIM 技术可以让绘图的效率不断提升，而且还能够实现三维模型的构建。这也就可以为建筑设计中采暖工程、给排水工程等构建原始的模型架构，同时也可以在三维模型上进行直接的修改作业。通过分析可以看出，该项技术可以让建设项目的设计工作的效率大大提升，可以为我们提供一个效果更为真实的建筑模型。

二、进行碰撞检查

一般来说，超高层建筑的整体工程中管线的排布会呈现出错综复杂的状态。在这种情况下进行施工作业活动，管道很可能会出现一些矛盾冲突。BIM 技术可以对管道提前进行模拟布局。最后很可能会出具一份科学的管线矛盾冲突的报告，这样一来就能够明确哪些位置出现了碰撞。与此同时，技术工作人员还可以根据相关的报告进行方案的优化和完善。

三、对成本进行管理

在建筑工程项目管理的过程当中，成本管理是一个十分关键的构成要素，而成本管理同样可以借助于 BIM 技术来完成，同时还能够收获更为良好的效果。在这个技术模型的支撑和影响之下，能够实现多层次、立体化和可视化的综合体系架构。在这个模型之下，施工作业人员可以更为精准地判断出实际工程总量以及所需要的原材料总量。在作业施工推动的过程当中，基本的环节主要包含：施工单位主体根据设计图纸确定符合规定的材料参数表，然后根据实际作业工程总量进行数据资源的修订和完善，最后将所有的数据填到统计表格中。引入这项技术可以大大地降低工作总成本，为整个工程带来更为显著的经济效益。

四、对工作面进行管理

在具体的建筑施工流程当中，同一个楼层或者同一个区域会出现不同的施工内容。BIM 技术的引入可以对不同时间节点、各个专业在同一个工作面上的工作内容进行精准的安排和规划，这样就可以规避交叉施工带来的一些风险和危机。BIM 技术全方位的应用，能够让整个施工组织变得更加平衡、更为协调，能够对工程成本信息和资源信息等进行综合调配，从而可以确保施工流水活动变得更为合理和科学。同时还可以根据模型的具体情况进行施工分包管理活动，让整个工作变得更为协调，并在此基础之上更好地完成整个建筑施工活动。

五、对施工质量的管理

具体来说，人力、机器设备、材料、工作方法以及外在的环境都会对建筑工程的质量产生深刻的影响。在 BIM 技术下，可以对施工质量的关键环节和核心要点进行动态化的管理活动，这样也能够确保整个工程项目的质量不断提升。在实际作业过程中，土木工程项目和电气安装项目等都会呈现出交叉作业的状态，这样一来就需要对大量的信息进行查询，并进行信息输入和技术施工方案优化等。对分布式技术云平台的积极使用也能够提升工作质量和工作效率。举例来说，在模型修改活动完成以后，每一个用户主体都可以借助于移动终端来申请查询模型更新的相关信息。这也是信息高质量传输的关键手段之一。在施工作业过程当中，施工员主体、质检员主体和安全员主体要进行实际的操作。他们也可以充分发挥手机等智能设备的积极作用，对问题进行拍照活动和文字记录活动，这也是提高现场办公质量效率的一个关键手段。

通过以上分析，我们可以发现，当前，随着社会经济的不断发展，建筑行业的蓬勃发展态势也是相当明显的，管理者主体必须要有前瞻性思维和理念。尽管 BIM 技术在我国的建筑领域当中还没有实现全方位的普及，但是建设单位仍然需要抓住良好的发展契机。合理地利用这一项技术，才能够确保建筑企业经济利润的不断增长，才能够为后期建筑安全管理工作的优化发展创建坚实的平台支撑。

第四节　基于 BIM 技术的施工安全管理应用

一、BIM 技术应用于施工安全管理中的必要性

从现状来看，传统安全管理的很多手段在工程建设过程中已经表现出滞后性，一些安全管理的方法、流程无法满足复杂的工程需求，导致工程质量、成本等方面的一系列问题。因此，如何采取更为先进的安全管理手段已经显得至关重要了，BIM 技术恰恰可以满足安全管理的一些需求，因此很有必要将 BIM 技术应用在施工安全管理中。

（一）效率必要性

作为工程建设项目，整个过程包含着立项、设计、建设、移交、运营、维护等多个不同的环节，施工阶段是工程项目中的根本性阶段。工程施工是一项复杂的工作，它不但需要不同主体之间的密切配合，而且需要大量信息的频繁交互，

这是协同、沟通与配合效率问题的集中体现，只有这样才能将宏伟的工程目标转变为最终的实体。

目前，在工程施工的不同主体中，普遍采取了一些信息化的管理软件和技术，但这些管理软件与技术都只是建立在二维层面或三维层面上，它们虽然在一定程度上提高了管理的效率，但是这种传统的方式和手段难以表达建筑工程复杂的实体，特别是在安全管理方面，表现出很大的局限性，主要表现为：在各自施工专业内部，传统的安全管理手段无法让安全管理人员实现直观的认知，缺乏一定的全面性和整体性，施工图纸中也很难体现出一些非几何信息的数据，施工安全管理的有效性很低。另外，工程安全管理过程中迫切需要更高的沟通效率，由于沟通问题，传统管理模式的安全管理效率较低，一些主体之间的安全相关信息通常由人工来传递，不能实现信息的自动传递和沟通，这使得施工过程中的各类安全隐患问题频出。鉴于此，施工安全管理需要更高的沟通效率。

（二）科学必要性

在工程建设过程中，科学性一直是很多施工单位追逐的目标，施工与管理的科学性不但能够帮助施工企业完成施工，而且能够帮助施工企业提升工程效率。然而，从现状来看，我国的大部分工程在施工过程中并不科学，一方面是设计意图与施工实际的衔接不科学，原因是采取了传统的二维或三维设计方式，使得设计者的意图无法得到有效表达，一些细节的地方只有文字说明，这让施工人员无法科学准确地了解设计意图，不利于后续的施工。另一方面，当前工程施工取得的成果无法有效应用在工程的运营及维护阶段，成果利用的科学性很低，这主要是因为施工成果无法以立体化的模式呈现在公众面前，如一些施工及设计的成果难以被物业人员理解，所以后续的运营维护效率低下。因此，对于工程施工来讲，利用 BIM 技术实现施工与管理科学性的提升是非常必要的。

二、BIM 技术在施工安全管理中的应用分析

（一）加强施工现场布置

对于施工现场，尤其是有创优目标的工程，现场布置合理有序至关重要。需要综合考虑材料、设备机具、安全通道、作业区等的布置。随着 BIM 技术在国内的推广与应用，大批国产施工现场布置软件崭露头角，在实际应用中取得了良好的成效。以广联达的相关软件为例，其能够结合现场信息和实际项目需求进行模型的生成，并利用优于二维图纸的三维可视化效果，对施工现场深入细致地进

行合理性评估与分析，优化布置方案、消除不安全因素，从而防患于未然。

（二）建立标准化建模平台

目前，我国并未针对 BIM 技术建立相关的统一标准和必要的规范，只是在国内一些工程行业或企业中有着自己的 BIM 技术应用标准和规范，并且在这个基础上采取了持续更新的方式，这使得一些 BIM 技术应用企业在内部构建了一定的设计、施工及其他工作流程。事实上，在工程项目中，由于各参与主体是在同一个工程框架内展开的协作，那么从技术角度为同一个工程框架内的不同主体构建统一而标准的建模平台便显得非常重要了。

首先，围绕 BIM 技术，对于相同工程项目的参与主体构建统一的 BIM 技术平台，该技术平台与工程项目紧密相关，实现围绕工程项目的信息共享、资源共享和数据共享，但该共享需要以一定的权限划分为基础，按照设计、施工、运营等不同的主体角色进行权限配置，从而使得工程规划设计企业在完成设计之后，还可以接收下游施工企业提交的一些补充模型信息，进一步达到完善工程项目信息模型的目的。

其次，工程项目的各参与主体还能够按照各自的需求，结合相关专业的实际情况，从 BIM 标准化建模平台中获得专业的数据资料，由于这些数据资料来源于统一的、标准化的建模平台，各参与主体之间的数据就保持了上下一致性和连贯性，充分实现了数据的互联互通，最终构建可视化、共享化、动态化的工程信息管理。

（三）加强施工过程中的质量控制

在施工过程中，施工人员需要对施工质量进行控制。施工质量控制可分为两个方面，一方面是对施工进度的控制；另一方面是对施工过程管理中出现的问题进行及时处理和解决，从而保证施工过程有序进行，同时也能够为后续施工提供科学依据。

（四）进行危险源准确识别

要做好项目安全管理策划，危险源的准确识别和风险的有效控制无疑是重中之重。现场检查临边危险的传统方式是依靠安全员等人员的现场观察，因此较容易受现场复杂施工环境影响，导致危险源遗漏。应用 BIM 技术可结合常见的危险源类别和项目的实际信息，建立规范的安全防护模型并导入 Revit 等模型中，制订并不断完善防控措施。例如，对于土方开挖过程中的违规操作和防护不到位造成的坍塌，可以利用 BIM 相关软件进行开挖前的施工模拟，规划合理的开挖

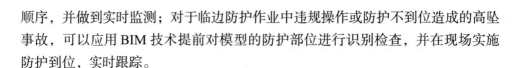

顺序，并做到实时监测；对于临边防护作业中违规操作或防护不到位造成的高坠事故，可以应用 BIM 技术提前对模型的防护部位进行识别检查，并在现场实施防护到位，实时跟踪。

（五）构建 BIM 技术应用的相关制度

BIM 技术的应用，除了需要建设单位、各参与主体的通力合作和不断创新，还需要从政策上、制度上构建 BIM 技术应用的整体框架，由于国内的 BIM 技术基本上沿用了国外的一些技术，但这些技术的应用与国内的工程实际情况并不契合，特别是在一些应用理念和使用路径方面，存在着诸多不协调的地方，这就需要国家出台一些相关的政策和制度来保障 BIM 技术的正确应用。

我国目前还没有明确的关于 BIM 技术应用的标准和政策，大部分是企业内部自行规定的一些制度，且很难在实际的工程项目中得到有效的应用。事实上，即便是企业有 BIM 技术的一些制度，也只是一些小型的设计企业、施工企业在运用，这些企业缺乏资金的支持，自身也缺乏向外延伸和拓展的能力，使得它们很难将 BIM 技术推广开来。因此，国家有关部门应该针对 BIM 技术，会同一些大型的央企建立 BIM 技术的应用框架和制度，让更多的企业参与到 BIM 技术的应用中来；国家还可以采取一些强制的方式和手段，强制进行工程设计、施工的企业使用 BIM 技术，尽可能将 BIM 技术应用的制度、政策标准化、强制化，并以此为基础实现企业的优胜劣汰，这样才能更好地推动我国 BIM 技术的应用与发展。

另外，在 BIM 的标准制定方面，我国已经引入了 IFC 标准，但仍然没有形成自己独有的体系，这和国外相比存在着一定的差距，换句话说，我国缺乏 BIM 技术能够有效拓展的数据标准和体系支撑，这使得国内的 BIM 技术应用表现出我行我素、各自为政的局面，在大多数的企业中，对于 BIM 技术的应用都较为粗浅，没有较高水平的应用，BIM 相关软件在国内的开发也遇到了较大的阻碍。因此，政府应该结合我国的实际情况，建立符合我国国情的 BIM 技术体系和标准，实现政企联合，将更多的 BIM 技术和体系引入实际的工程建设项目中去。

（六）科学开展安全培训与应急演练

我国在以往的建筑工程项目建设阶段便已经陆续实施了安全培训工作，然而，由于缺乏对于安全操作项目的高效关注，且往往只借助培训的手段传达相应的意识，影响培训的质量，安全培训仍然处于形式主义的范畴，无法充分展现培训的价值。因此，为了让安全培训的质量和有效性得以充分提升，要求积极强化 BIM

技术的应用，让相关施工人员可以建立对于施工现场教学信息的深刻把握，同时，适当运用各类动态模型，通过更为直观的形式，确定具体的培训内容，以充分保障相关工作人员的安全意识，不断提升施工操作的规范化水平，同时，相应削弱安全事故风险，让 BIM 技术的应用价值得以充分展现。

要求充分关注 BIM 技术的虚拟化特点，并将其与 VR 技术进行充分整合，同时，可以由相关施工人员进行设备培养，以实现原有工程场景的全面还原，在此基础上制订合理的应急训练方案，以充分保障施工人员的人身安全。如果相关人员在实际施工阶段可以建立对于错误施工问题的充分把握，便能在此基础上把握合理的施工流程，以充分保障施工的整体质量，推动建筑行业的可持续发展。

第八章 工程变更管理 BIM 技术应用

工程变更发生在建筑工程施工中,它是指在工程范畴内进行合同条款的变更。如果在施工过程中发生工程变更,就需要对工程进行重新处理和规划,就会加大成本预算或者给建筑企业造成巨大的经济压力。基于此,企业应该加大对施工过程中工程变更问题的重视程度。将 BIM 技术融入建筑工程管理中的工程变更管理并展开相关探讨,以期有效提高建筑工程变更管理的质量水平。本章分为工程变更概述、影响工程变更的因素、基于 BIM 的工程变更管理应用三部分。

第一节 工程变更概述

一、工程变更基本概述

(一)工程变更的相关定义

国内外学者和各类建筑协会对工程变更的研究比较广泛,但还没有对工程变更有权威和统一的定义。在此,经过整理,归纳如下。

1. 最新国际咨询工程师联合会(FIDIC)《施工合同条件》(红皮书)关于工程变更的定义

按照最新的 FIDIC《施工合同条件》(红皮书)第 13.1 款的规定,工程变更可包括以下几点。

①对合同中任何工作的工程量的改变(此类改变并不一定必然构成变更)。

②任何工作质量或其他特性上的变更。

③工程任何部分标高、位置和(或)尺寸上的改变。

④省略任何工作,除非该工作已被他人完成。

⑤永久工程所必需的任何附加工作、永久设备、材料或服务,包括任何联合竣工检验、钻孔和其他检验以及勘察工作。

⑥工程的实施顺序或时间安排的改变。

2. 2017 年版《建设工程施工合同（示范文本）》对工程变更的定义

按照 2017 年版《建设工程施工合同（示范文本）》第 10.1 条的规定，工程变更的范围主要包括以下内容。

①增加或减少合同中任何工作，或追加额外的工作。

②取消合同中任何工作，但转由他人实施的工作除外。

③改变合同中任何工作的质量标准或其他特性。

④改变工程的基线、标高、位置和尺寸。

⑤改变工程的时间安排或实施顺序。

3.《中华人民共和国房屋建筑和市政工程标准施工招标文件》对工程变更的定义

按照《中华人民共和国房屋建筑和市政工程标准施工招标文件》第 15.1 条的规定，工程变更主要包括以下内容。

①取消合同中任何工作，但被取消的工作同样由原实施者实施。

②合同中任何工作的质量和特性的改变。

③合同中规定的任何部位的尺寸、标高、基线和位置的改变。

④合同中规定的任何工作的施工顺序、工艺、时间的改变。

⑤增加合同之外的其他工作。

4. 其他有关学者对工程变更的定义

①工程变更是指在项目建设阶段，项目管理者因应外部条件改变而对原有施工合同约定的内容做出调整，继而改变原有合同造价及工期以保证项目顺利推进的一种措施。

②由于工程项目的实施环境或者条件的变化，为保证工程项目的顺利推进，工程项目的实际操作与原合同的约定产生了差异，从而对原合同进行修改和补充的现象。具体可以阐述为两个大的方面：一是原合同规定的工作发生了变化，二是发生了原合同之外的附加工作。

③在合同履行过程中，由于合同状态的改变，采取对原合同的修改与补充以及调整对应合同工期和价格的一种措施，保证工程能够顺利推进。

④在工程项目实施中，对合同约定的工艺、材料、尺寸、工程量、施工顺序等方面做出的任何改变。

⑤工程变更是指在建设项目实施过程中，因为项目的实施环境或者条件发生

变化，为了保证项目顺利进行而对原合同规定的工作内容或工作顺序进行修改，并相应调整合同价格和工期的事件。

（二）工程变更的相关规范

1. 国家法律法规

在工程变更过程中，对于法律法规的运用非常重要。在不同条件下熟悉并运用不同法律法规，才能更加规范有序地做好工程变更管理。在工程项目建设之前需要事先分配好工程各方各自的权利和义务。与工程变更相关的法律法规包括《中华人民共和国民法典》《中华人民共和国建筑法》《中华人民共和国招投标法》《政府投资条例》《建设工程勘察设计管理条例》《建设工程质量管理条例》等。

（1）法律依据方面

①《中华人民共和国民法典》。于 2021 年 1 月 1 日起施行的民法典第三编合同内容中与工程变更相关的条款主要集中在第四百八十八条和第四百八十九条。对比原合同法，《中华人民共和国民法典》对变更内容描述更加精简，两个条款主要对实质性变更和非实质性变更进行了分析，其中涉及数量、质量和合同标的变化的工程变更应属于实质性变更，属于新要约，这就为工程变更要符合合同管理和履行招投标手续提供了法理依据。

②《中华人民共和国建筑法》。1997 年颁布，2011 年和 2019 年两次修正。根据 2019 年版《中华人民共和国建筑法》，与项目建设工程变更相关的内容主要体现在质量和工期上，相关条款有 16 条，其中第九条至第十一条共 3 条内容与工期相关，要求建设工程严格执行项目工期，对于超期项目或因故中断或暂停项目需要重新办理相关审批手续；第五十二条至第六十三条和第七十二条共 13 条主要围绕工程质量要求，这些条款成为工程变更内容的重要依据。

③《中华人民共和国招投标法》。1999 年颁布，多次修正。根据 2019 年修正版，与工程变更相关性较为密切的主要体现在第三条、第四条和第三十三条等 3 条。其中，第三条对项目招标范围进行明确，要求应招尽招。第四条要求不得肢解项目、通过化整为零或其他方式规避招标。第三十三条严禁低价中标、弄虚作假中标，这两类往往也是不法施工单位通过恶意中标，后期工程变更获取超额收益的主要方式。

（2）法规依据方面

①《政府投资条例》（国务院令第 712 号）。2019 年 7 月 1 日颁布实施。《政府投资条例》重点强调了投资控制的重要性，要求政府投资项目严格按照审批的

初步设计批复实施，原则上项目建设投资不得超过经核定的投资概算，确因客观原因超出投资概算的，要严格履行报批手续，相关条款分别为第九条、第十二条、第二十三条和第三十四条部分内容。

此外，政府投资项目工期要求体现在第二十四条和第三十四条的部分内容，要求建设项目严格执行既定工期，对未按照工期建设的项目单位和个人予以处分。政府投资具有重要的引导意义，按照工期完成项目建设一方面能节约政府资金，另一方面也是发挥项目效益的重要保证。

②《建设工程勘察设计管理条例》（国务院令第 293 号）。2000 年颁布，多次修订。根据 2017 年修订版，第二十五条至第三十条共 6 条与工程变更管理具有相关性，均为质量方面。为保证工程质量，建设单位、施工单位、监理单位不得修改勘察设计文件，确需修改，由设计单位按程序修改，这就是"工程变更中设计变更需要由原设计单位修改"的法理出处。

③《建设工程质量管理条例》（国务院令第 279 号）。2000 年颁布，多次修订。与工程变更具有较高相关性的条款有两条，即第三条和第二十八条。根据第二十八条，施工单位需要按图施工，不得擅自修改工程设计，若发现设计文件和图纸存在差错，应及时提出意见和建议。

2. 国家政策文件

除了相关的法律法规对工程变更进行了相应的约束，一些相关的政策文件也对其进行了规范指导，主要包括以下两点。

《关于加强基础设施工程质量管理的通知》（国务院办公厅 1999 年 2 月 13 日印发）中，（一）（二）（三）（十）（十四）（二十一）六个部分分别对工程质量管理行政领导人责任、项目法人责任、参建单位工程质量领导人责任、合同管理、勘察设计、审计监督等方面要求落实责任，也成为工程变更实操中的重要准则。

根据《关于进一步强化住宅工程质量管理和责任的通知》（住房和城乡建设部 2010 年 5 月 4 日印发）第十四条，要"加强工期和造价管理"，要求严格按照合同约定开展项目建设，"坚持质量第一，严禁恶意压价竞争"。

（三）工程变更的原则

工程项目所处的环境具有的动态性以及施工过程中遇到的种种困难都会造成工程变更，需要遵守的原则有以下几点。

1. 分清工程变更的性质

在进行工程变更时，需要分清工程变更的性质，属于哪种类型的工程变更，是设计变更、进度计划变更还是施工条件变更或者现场签证变更。如果是设计变更，及时与设计单位进行沟通，将发生的问题告知设计单位以待解决；如果是进度计划变更，及时告知相关的各方负责人，进行沟通，保证各方自身的利益；如果是施工条件变更或现场签证变更，将相关资料收集完整，现场情况告知相关的各方负责人，进行工程变更。

2. 工程变更的合理性和及时性

在进行工程变更时，必须保证工程变更合理、及时，必须依据现场的实际情况提出工程变更，不弄虚作假，合理的工程变更会得到业主方及监理单位的同意。在发现问题的第一时间提出工程变更，避免因不及时提出工程变更而发生利益纠纷。

3. 工程变更的严谨性

在工程变更前，对工程变更的内容进行严密调查，现场监理严格把关，准备好完整的工程变更资料，除满足施工需要外，填好工程变更申请表，详细说明工程变更理由，与原来的施工方案进行比较。在进行设计变更时，保证图纸设计要求及深度与原工程设计文件相同。

4. 加强工程变更管理的水平

在处理施工过程中发生的工程变更时，必须保持严谨的态度，保证提出的工程变更符合标准，可以解决问题，让工程顺利进行。除了工程变更的合理性和及时性，还要熟练掌握工程变更的流程，在工程变更方案没有得到业主方和监理单位的同意前，不得进行施工，避免提前施工带来麻烦。

5. 以合同为基础，以事实为依据

变更管理过程中要严格审核工程量的计量和因变更引起的新增项目的单价，监理方审核需要大量深入细致的工作，以事实为依据、以合同为准绳，严格遵守合同文件规定的各项内容，当审核意见与发包方、承包方有分歧时，力求公平、公正，充分征求合同双方的意见，直到双方达成一致意见。

6. 工程变更原件齐全

工程变更的结算应当完备，而证件也一定要有效，以合理的原件作为工程结算的最后根源，一旦缺乏合理原件的使用，工程变更就没有了依据，不利于事后

的责任界定，易产生责任混乱。

7. 工程变更的合法合规

工程管理中，每一道工序的变更都需要经过全面的审验，在确定其合法合规之后才能进行变更。在工程变更的前期，所有程序都必须经过严格的审查，并得到上级部门的批准。项目合同的内容、权利、义务必须严格执行，实际审批内容必须全面。既要提出项目变更方案、变更范围和具体事项，又要出具双方法定代表人证明。只有通过了一切审批程序，才能保证工程变更的正当性。

（四）工程变更的形式及特点

1. 工程变更的形式

合同条款赋予发包方进行工程变更的权利，承包方收到发包方变更指示后实施工程变更。在实际工程项目中，发包方的变更指示包括书面指示和口头指示，书面指示包括变更令、工程变更施工指令、工程签证。

变更令是业主或业主授权单位与承包方对变更内容、可能的变更价格或工期达成一致意见的书面指令，并且至少有双方签章。变更令是在保证原合同有效的条件下对合同的修改与补充，作为合同的附件具有等同于合同的法律效力，变更经济签证、变更工期签证或补充协议是施工过程中形成的常见的变更令。

工程变更施工指令是指发包方与承包方对变更价款或工期未完全协商一致时，业主或业主授权的单位向承包方下发的有关变更内容的书面指令，并且至少有双方签章，变更通知书、技术核定单、工程洽商单等都是施工过程中形成的常见的工程变更施工指令。

工程签证是建设工程施工合同的承包方和发包方就施工过程中涉及的责任事件所作的签认证明，是相互书面确认的签证，成为工程结算或最终结算增减工程造价的凭据。

以上三种书面指示对应实际施工执行过程中出现的下列几种情况。首先，在承包方变更事件施工之前，发包方和承包方对变更的内容及其可能造成的影响进行明确并协商一致。其次，对于比较紧急的变更事件，例如，业主不确认变更就只能暂停施工，承包方一般在业主发出工程变更施工指令之后即进行施工，如果等待业主同意变更后再施工而造成影响，承包方可能会承担延期竣工的违约责任。最后，无论业主发出的是变更令还是工程变更施工指令，都需要对变更事件的完成情况进行书面签证，目的是证明承包方确实进行了施工，减少后期对变更内容施工真实性的质疑。

口头指示是指承包方在业主口头要求下进行的工程变更，并没有业主签发的书面指示。

2. 工程变更的特点

工程变更是项目施工中一项重要的工作，加强工程变更工作、掌握工程变更的特点与方向是工程项目实现收益最大化的重要途径。由于目前我国工程中总承包项目占比较大，我们主要以工程总承包项目的工程变更为例，解释说明工程变更的相关特点。

（1）承包方比业主方掌握更多的变更控制权

2017 年版《建设工程施工合同（示范文本）》中对于变更的范围明确界定为对合同中任何工作的增减或改变以及对工程基线、标高、位置、尺寸、时间安排等的改变。《建设项目工程总承包合同（示范文本）》中对于工程总承包模式下的变更定义为经指示和批准对"发包人要求"或工程所做的改变。

对比 2017 年版《建筑工程施工合同（示范文本）》和《建设项目工程总承包合同（示范文本）》中对于变更的描述可看出，工程总承包模式下变更的范围相比传统的建设模式明显不同，其变更的范围发生了变化，从而与之对应的变更控制权也会随之改变。

工程总承包项目中业主方的变更控制权明显比传统的建设项目减弱许多，更多的变更控制权转移到总承包方手中。虽然业主的控制权减弱，但总承包方控制权的增加在一定程度上可以促进发挥其主动进行成本管理的积极性，从而可以和业主方共同努力实现项目建设和投资控制的目标。

（2）总承包模式中变更对总承包方要求更高

一方面，工程总承包模式下建设项目一般采用固定总价合同，固定总价合同模式的特点决定了工程价款除合同约定的变更调整内容外，基本固定不变。因此，总承包方在项目建设过程中需自己承担绝大部分的风险，大部分工作的改变是无法构成变更的，因此对项目所造成的损失需由总承包方自身承担。在该种模式下，总承包方为了避免自身损失和成本增加，需要对项目有一个较为完善的实施方案，且尽量减少实施过程中所产生的变更，这对总承包方的管理能力和专业能力等方面都有着更高、更严格的要求。

另一方面，工程总承包模式是设计、采购、施工一体化模式，若其中某一阶段的工作发生变化和调整，由于连带责任，其他阶段的工作也会发生改变，这就对总承包方的协调配合能力和专业能力等有了更高的标准和要求。

综上,采用工程总承包模式的建设项目对总承包方的能力提出了更高的要求。

（3）变更范围缩小

实际上，对于大多数工程变更来说，变更的根源是业主的需求发生了变化，在此归纳了国内外工程承包合同中与变化和调整有关的条款，并对这些条款做一个简要的解释说明，具体分析如表 8-1 所示。

表 8-1　工程承包合同中相关变更条款的总结分析

条款来源	条款内容	条款解读
FIDIC2017 年版《银皮书》5.1 条	承包方应负责工程的设计，并在除下列雇主应负责的部分外对雇主要求的正确性负责：①在合同中规定的由雇主负责的或不可变部分数据或资料；②对工程或其他任何部分的预期目的的说明	业主方要求的工作内容改变可构成变更
FIDIC2017 年版《银皮书》5.4 条	如果在基准日期后有修改或有新的标准生效，承包方应通知雇主并提交遵守新标准的建议书，如果雇主确定需要遵守，或者遵守新标准的建议书构成一项变更时，雇主应按规定着手做出变更	业主方要求中的技术要求改变可构成变更
FIDIC2017 年版《银皮书》5.8 条	如果在承包方文件中发现有错误、遗漏、含糊、不一致、不适当或其他缺陷，尽管做出了任何同意或批准，承包方仍应自费对这些缺陷和其带来的工程问题进行改正	承包方错误造成的改变不构成变更
2012 年版《中华人民共和国标准设计施工总承包招标文件》第四章 1.13.3 条	无论承包人发现与否，在任何情况下，发包人要求中的下列错误导致承包人增加的费用和（或）延误的工期，由发包人承担，并向承包人支付合理利润：①发包人要求中引用的原始数据和资料；②对工程或其任何部分的功能要求；③对工程的工艺安排或要求；④试验和检验标准；⑤除合同另有约定外，承包人无法核实的数据和资料	业主方要求的改变，其造成的损失由业主承担
《建设项目总承包合同（示范文本）》1.12 条	承包人应尽早认真阅读、复核《发包人要求》以及其提供的基础资料，发现错误的，应及时书面通知发包人补正。发包人作相应修改的，按照第 13 条［变更与调整］的约定处理	业主方要求的工作内容改变可构成变更
《建设项目总承包合同（示范文本）》5.2.1 条	发包人的意见构成变更的，承包人应在 7 天内通知发包人按照第 13 条［变更与调整］中关于发包人指示变更的约定执行	业主方提出的意见可构成变更

通过上述对变更条款的解读可知，工程总承包模式下工程项目的变更范围主要受业主方要求的改变和意见提出的影响。

（4）工程总承包项目较一般工程项目变更情况更复杂

工程总承包项目的变更情况较一般项目较为复杂的原因主要有以下两方面。

一方面，工程总承包项目通常在科研后或初步设计后就可以发包，这时，无论是业主方还是承包方，对项目前期工作的了解都不够深入，能够获得的项目信息也是非常有限的。由于其合约的不完备性以及前期信息的局限性，后期在项目实施过程中发生工程变更的潜在因素和事件也比较多。

另一方面，工程总承包项目一般投资大、周期长，这导致项目建设过程中不可控的因素也比较多，潜在的风险因素也多种多样，因此导致其产生变更的情况也更加复杂。

（五）工程变更的分类

1. 基于工程变更发生的时间分类

建筑工程项目的工期很长，将整个工期分为工程施工前、工程施工中、工程完工后三个阶段。

工程施工前发生的变更。这类变更主要发生在工程施工前，未按招标文件中的相应条款来签订合同或未履行合同中规定的条款，在施工前提出工程变更；承包方在核算工程量时，发现工程量计算错误，提出工程变更。这类变更需要更改一些书面文件，对以后施工的进度计划和质量影响较小。

工程施工中发生的变更。这类变更主要发生在建筑工程项目施工过程中，工程项目周期长，所处的环境不断变化，遇到自然灾害、不可预料的地质条件及设计问题导致无法施工或者出现了新的法规及标准需要改变施工技术等，都会导致工程变更。

工程完工后发生的变更。这类变更主要发生在建筑工程项目完成后的检修工程，在工程完成后，相关单位需要保修一段时间，在保修期间，一些工程部位发生损坏就会导致工程变更。

2. 基于工程变更的性质分类

根据工程变更性质的不同，主要分为五类。

①局部图纸设计不合理。这类变更发生的主要原因是现场不可预料的情况需要改变图纸才能继续施工或由于设计单位深化原设计图纸，将会对相关部分后续的工序产生影响。

②合同中的工程量的变化。这类变更发生的主要原因是合同中工程量计算出现误差，在施工过程中遇到不可预料的情况，业主方提高施工要求，对工程项目的造价产生影响。

③改变工程施工标准。这类变更发生的主要原因是在施工过程中，出现了新的法规、标准或业主方提出新的结构要求，需要采用新的施工技术。

④工程施工计划及施工顺序变化。这类变更发生的主要原因是在施工过程中，遇到自然灾害或材料、施工设备未及时到场或一些政策法规变动造成的停工。

⑤让工程能顺利完成的辅助工作。这类变更主要为了工程项目能够顺利、按时完成，增加了一些合同中不存在的辅助工作。

3. 基于工程变更的原因分类

根据工程变更原因的不同，将工程变更分为六类。

①设计变更。在施工前或施工过程中，遇到了不可预料的情况导致无法施工或深化原设计图纸导致设计图纸及文件的修改，造成设计变更。在设计之初，设计院的地质勘查工作人员会到拟建工程现场进行现场测量和地质勘查，以确定结构设计的数据，但是这些数据通常只具有指导意义，无法保证全部设计工作的顺利完成，也无法做到对待建项目的水文地质、作业环境等情况的全面准确考察。前期设计的勘查数据只具有一定的代表性和准确度。其真实的施工情况和作业条件只有在实施过程中凭借施工方跟踪监测的数据才能确定。因此，工程项目实施阶段常常出现实际的作业条件与设计数据不同的情况，那么，设计单位就不得不根据实际的施工条件对原设计做出修改，由此产生变更。

②工程量变更。工程量计算错误或业主方要求增加或减少部分工程，提高施工标准等导致的工程变更。

③相关技术规范及技术文件变更。发生不可预知的情况或出现新的法规和标准，导致合同中的技术规范和技术文件的修改，造成工程变更。

④施工计划变更。供应的材料和设备没有及时到场或存在问题，相关图纸和资料没有按时交付，导致施工计划发生变化，造成工程变更。

⑤施工工艺及施工顺序的变更。施工组织设计在监理确认后，因为现场不可预料的情况和市场环境的变化，造成施工组织设计修改，从而导致工程变更。

⑥合同条件变更。因为现场不可预料的情况，对已经签订好的合同进行某些方面的修改和补充造成的工程变更。

4. 基于工程变更的申请者划分

（1）发包人发起的变更

业主方没有依据合同约定的时间和内容提供作业条件以及对施工内容的改变等。业主方对项目功能、项目规模重新定义或做出修改。

多数情况下，此类变更是由发包人提出的，主要表现在以下几个方面。

①签订合同后，发包人对合同内容的功能、规模提出新的要求。

②对合同中存在的矛盾、言辞含混不清的内容或者不一致的内容进行澄清、修改。

③发包人为响应法律法规变化而对工程内容做出的变更。

④发生合同约定的不可预见的影响事件时做出的变更。

⑤资金或政治因素的影响。

⑥设计错误或遗漏。

⑦因设计成果与施工实际不符造成的工程变更。

⑧业主方对项目行业技术不熟悉，导致所提供的技术需求不全面、不明确甚至存在错误。

⑨业主方对项目市场调研不充分，导致项目市场预期误差大，从而项目设计规模与目标市场实际情况不符，最终导致功能性变更。

⑩业主方招标范围不清晰，引发设计、采购或施工阶段的工作范围变更。

⑪业主方在设计阶段或施工阶段提出新需求。

⑫设计图纸内部审查不到位，多个专业各自为政，专业间存在矛盾，导致设计变更。

⑬设计变更频繁，导致现场施工无法按计划组织实施，工期拖延。

（2）承包商发起的变更

与业主方相比，承包商在变更问题上，态度是积极的，通常是工程变更的提出方。通常，由承包商发起的变更在实例调查中占比较少，并且一般是与其他因素伴随发生的，主要表现在以下几个方面。

①在设计施工总承包合同、交钥匙合同、业主方提供设计施工合同的情况下，承包商有义务重新评估设计的情形。

②无法获取材料、设备、设施等要素导致的变更。

③工程优化设计。

④分包商原因。

⑤工程质量不合格等。

⑥由承包商导致的各种工程质量缺陷。

⑦承包商对施工方法的改进和优化。

（3）施工方发起的变更

通常，由施工方发起的变更主要包括以下几方面内容。

①施工人员对图纸意图领会不清，造成施工错误、返工。

②施工方为降低成本、减轻作业难度、赶工、方便材料（多为地材）采购等，请求设计方变更设计。

③施工组织不力，引起的施工管理缺失或混乱，导致施工错误、返工。

④施工工序安排不合理，导致窝工、返工。

（4）项目协同产生错误引发的变更

对于大型复杂项目，因为参建单位众多，信息量庞大，涉及的单位工程、单项工程、分支专业多，传统低效的点对点协同共享一方面效率低下，导致延误工期，另一方面往往在各参建单位之间容易产生理解差异、沟通不顺畅等问题，很容易造成设计和施工错误，引发工程变更。

二、工程变更管理存在的问题

（一）缺乏对变更的事前防范和控制工程建设

从项目投资决策阶段、设计阶段等到后期的施工阶段、运营阶段都可能发生工程变更事件，但现实中大多数变更一般发生在项目施工阶段，因此大多数业主或监理单位将变更控制的重点放在了项目的施工阶段。但造成工程变更事件发生的缘由并不是一蹴而就的，某些变更在前期决策阶段和设计阶段就有征兆。变更管理研究大多针对事中和事后控制，对于变更的风险管控意识较为薄弱，变更的事前预防机制较少。只有增加变更的风险管控和事前防范，才能从根源上有效减少不必要的变更发生，这对项目的顺利实施有着不容忽视的作用。

（二）业主对工程承包模式的认知存在偏颇

工程承包模式在我国发展的时间并不久，因此实际操作过程中仍然存在一些问题，相关学者也在研究中不断提出一些问题。例如，在实际工程中有部分业主认为采用EPC（工程总承包）工程承包模式需要投入更多的管理费用，反而会增加项目成本。可见，在我国目前的建筑市场中，仍有部分业主对工程承包模式的理解存在偏颇，存在私自拆解工程、分别招标的不合理情况。目前工程承包模式在业主方层面受到的认可度并不高，业主方没有完全认识到采用工程承包模式所带来的优势和其发挥的作用。

结合学者的研究和市场的实际情况，我国现行的工程承包模式仍然存在以下几方面的不足。

第一，合同定价模式不标准。经过对工程承包项目的结算方式分析可知，工

147

程承包项目一般采用固定总价的方式，然而现实中部分合同并不是规范的固定总价合同。

第二，业主方扮演的角色存在偏颇。工程承包模式下大部分工作由承包方完成，因此业主方的参与力度和控制权都大幅减弱，然而实际中业方主仍然需对项目进行干预，才能达到投资控制的目的。

第三，承包方控制力度存在差异。工程承包模式下是可以联合体投标的，这涉及联合体单位控制力度的问题。虽然联合体各方在投标阶段签订了联合体协议等文件，规定了联合体单位需承担连带责任，但实际中很难确定主体单位的责任。例如，承担连带责任的设计方几乎无动力去加强对施工阶段的控制。

（三）对工程变更缺乏规范化管理

面对内容繁多的工程变更，大多数建设单位和监理单位没有一套完整、规范、科学的变更管理程序，缺乏明确的职责划分，工作内容随意，处理程序不规范，尤其是对工程变更发生后的处理效果缺乏反馈。例如，对设计变更的处理，仅仅包含变更内容，并未对变更工程量和价款做出明确表述。

（四）工程变更范围与责任约定不明确

国内外工程承包合同文本中对工程项目的变更范围都无明确的规定，现实中也存在着工程变更范围模糊的问题，相关学者也在研究中提出了这一现象。在实践中，工程承包合同中约定的变更范围类似于传统模式的施工合同变更，且合同中约定的类似于"承包人原因引起的变更"范围界定不明确，在实际操作中引发争议较多。

由于工程项目的合同谈判签订时间有限，合同的严谨性和完备性很难保证，这会给项目实施后合同变更事件的发生埋下隐患。

现实中工程项目的变更事件部分是由项目的变更范围描述不清楚引发的，表明了准确描述工程变更范围的重要性。

项目实践过程中易出现业主方与承包方对工程总承包项目合同理解存在偏差的现象，这主要是由于合同签订时缺乏严谨性，并且总承包方缺乏对项目工作范围的合理评估，从而发生不必要的变更。

（五）业主方操作不规范，缺乏项目管理人才

工程项目一般是固定总价合同，一般总价不予调整。而且变更的主要来源是业主要求的改变或业主提出新的意见。因此业主方的意见对于工程项目的变更有

着关键的影响。大多数变更的发生主要是没有严格按照合同的变更条款执行而造成的。例如，业主管理不规范、业主变更认定错误等。业主方对于工程总承包项目的操作和实施仍存在一些不科学和不规范之处。例如，业主方没有合理压缩项目工期，这会给工程变更事件的发生埋下种子。

综上可见，项目实践过程中如果业主方操作不利或者管理不规范，很容易造成工程项目中工程变更的发生，这对项目的顺利实施有着非常不利的影响。造成这一现象的主要原因是业主方缺乏项目管理人才，对工程规则不熟悉或操作不合理、不科学都可能阻碍合同的顺利履行。

（六）缺乏合理的奖惩机制

由于缺乏合理的奖惩机制，大部分建设项目对变更管理缺乏科学有效的考评。这就会导致项目管理人员既没有控制变更的动力，也没有变更管理带来的压力，任由工程变更的发生。缺乏职业道德的人员就有机可乘，通过工程变更的方式掠取财富，造成变更管理的失控。

（七）工程变更管理的信息化手段落后

信息化手段落后是目前工程变更管理不可避免的，现阶段变更管理还处于传统的手工作业状态，主要以人工传递纸质文件的形式进行。工作效率低、信息传递时间长，且容易发生信息丢失，造成工程变更管理的紊乱。

此外，由于没有形成闭合式的管理流程，项目管理部门和决策者无法及时准确地变更信息，并且信息变更后得不到及时准确的反馈，工程变更的管理者出现"管理黑洞"。工程项目由多家参建单位共同协力完成，需要多方进行协调，当前的管理模式急需一个好的平台服务于各参建单位，以便协调各方作业。在此情形下，开发商、施工单位、设计单位及监理单位之间有关变更消息的传递会存在延时现象，难以提升变更管理的工作效率。

三、工程变更对施工项目产生的影响

（一）投资控制影响

工程变更对于项目的投资成本有直接且严重的影响，因此，对于工程造价影响的控制是工程变更控制的一个重要环节。下面主要分析决策阶段、设计阶段和施工阶段工程变更对工程造价的影响。

1. 决策阶段工程变更对工程造价的影响

决策阶段主要决定项目建设的大方向，对总体规模进行把控，一旦方向性的内容决定错误，对项目实施的影响是颠覆性的，可能会引起项目重大变更甚至陷入推倒重来的境地。例如，一些安置房项目，因前期需求测算不准，后期实施过程中，根据领导决策，增加了楼、户数量，导致项目容积率调整、工程造价增加、工期延后等。

2. 设计阶段工程变更对工程造价的影响

设计阶段是项目前期准备阶段中的重要阶段，设计质量和设计深度会直接影响项目总投资、施工质量以及施工进度。因此，要加强对设计变更的控制，从而减少工程变更的发生。

3. 施工阶段工程变更对工程造价的影响

建设工程的实施阶段是在整个建设过程中投入资金最多的阶段。施工阶段造价管理是指在保证项目质量和工期的前提下，使用科学的造价管理理论和技术将项目造价控制在规定的控制目标之内。

在施工过程中，对项目的更改会导致工程造价和工期的更改，通常会遇到对项目要求的变更和设计人员要求的更改，这个阶段的特点是工程量大、覆盖面广、影响因素多、材料和设备的价格随市场供需而波动很大，有必要在工程实施阶段加强工程的建设管理和监督职能，一旦决定投资项目，最小化浪费是降低工程造价的关键。

总之，工程变更不仅对整个工程进度有着较大的影响，同时对工程成本和造价的控制有着影响。工程变更对工程核算造价的影响主要体现在以下三个方面。

一是加大了工程结算和投资控制的难度。在工程变更中影响工程核算造价的其中一个因素是工程结算和投资控制难度大。施工变更与签证不仅影响整个工程在资金投入上的预测，严重情况下，会造成项目延期以及施工的项目完成后质量得不到保证的后果。

二是不利于工程造价管理。工程变更会使得工程造价的管理出现失控问题。从建设单位的角度出发，工程变更是其与施工单位发生矛盾和纠纷的关键点，工程造价与其施工组织设计有着密切的关系，工程变更对造价的影响重点表现在对变更项目施工组织设计的变化上，该变化改变了完成原工程项目费用的投入，尤其是在招投标中采取了不平衡报价的施工单位，在实际施工过程中，考虑到成本因素，往往会通过工程变更的手段向甲方索取工程款以外的补偿。

三是影响核算的精准性。出现工程变更会影响到核算的精准性，因为一般工程的核算都是在完成工程时进行的，这就会出现一些结算超额的情况。国外对于工程变更对成本的影响也有着较为深入的研究，提出工程变更直接影响到建设项目的工程造价，工程变更若发生在工程项目的不同阶段，会对成本造成不同程度的影响。

（二）项目工期影响

现代工程建设的各个环节都存在紧密的联系，一个环节发生变更，会影响下一环节正常开展。若工程进展中发生变更，必将影响整个施工进度计划，甚至可能导致施工现场准备混乱，使得某一环节出现停工状态。而且若工程中出现频繁、无序的变更，影响也非常恶劣，倘若施工中多次出现返工、修补等现象，无疑将会严重阻碍工程的进展，并且频繁变更对进度控制也极为不利，甚至有可能会对整个项目的顺利建设产生"多米诺骨牌效应"。

在项目进行过程中，许多导致工程变更的因素是不可控的，一旦出现工程变更，就会直接导致施工进度的延长，最终整个工期出现延误。工程变更是影响建设项目进度控制的关键因素，加强工程变更的管理与控制对实现建设项目目标具有重要意义。

工程变更对建设项目的进展有着巨大的影响。无论是在设计阶段还是在施工阶段，变更量与工程效率都呈负相关关系。变更量越大，施工效率降低的程度就越大，工程的进展就越缓慢。不可预见的条件变化对工程进展的影响最大，其次是代理导向的变更令，这些在工程中出现的各种影响因素无一例外都会对工程的正常进度造成影响。变更因素是延长项目交付时间的重要原因之一。变更所导致的工程本身秩序性的破坏将使得工期不断延长，对工程进度的控制极为不利，利用有效的方法来管控工程变更至关重要。

工程变更对工程进度造成的影响一般体现在四个方面。

第一，工程变更使工程量的调增或调减将会导致建设工期的延长或缩短。例如，业主方通过工程变更新增工程量，如果新增工程量较大，则会对合同工期造成影响，将会延长工期。

第二，工程变更增加审批时间。在工程发生工程变更后，工程变更所需要的审批流程时间过长，同时有可能使工程各方难以达成一致的决定，或者其他原因使工程变更不能及时完成变更审批的程序，造成建设单位在发生工程变更后无法及时发布新的工程变更指令，从而延误工程工期，而且施工单位在提交工程变更申请后无法及时开始施工该变更部分工程，可能会影响其他相关未变更部分的施工，导致其工期延误。

第三，变更对其他工程内容工期造成影响。工程项目发生工程变更，会对工程项目变更工程或其他未变更的工程造成施工干扰，甚至出现重复施工的情况，导致工程工期延长。

第四，恶意变更拉长项目工期。在实际施工过程中会出现恶意变更，恶意变更会使得工程新的变更数量迅速增加，建设单位对施工单位提出的工程变更需要一一甄别。

现实变更案例中，工期影响往往不是以上某一个方面因素，较多地体现为综合影响，因为几个方面相互关联。

（三）项目质量影响

工程质量是工程项目建设过程的根本要求，然而，工程变更的发生可能会对工程质量造成巨大的影响，这个影响可能是有益处的但也可能会是有坏处的，所以要尽可能控制变更，频繁变更可能导致质量安全受到影响，反复申请工程变更，会使施工人员思想麻痹，降低工程施工标准，带来工程质量隐患。工程变更对项目质量的影响主要表现在两个方面：一是项目实施过程中技术标准变化，需要按照新的技术规范和标准对项目设计内容进行变更，有利于项目质量提高，因为新技术、新工艺往往要求质量不能比之前低。二是工程变更后新增的工程内容与原有工程施工界面或者内容上交叉，新增内容时，若未按照规范要求实施，可能对已完成工程造成破坏。例如，楼板开孔，若技术人员水平不高，随意施工，可能对结构安全造成质量隐患。

其实，从一定程度上来说，工程变更对质量的影响主要是间接影响，频繁的变更会导致随机因素增多，管理混乱，承包商乘机使用价格较低、质量较次的建筑材料，减少建筑功能，降低工程质量标准等，施工各方面都受影响，质量控制难度加大，给工程质量和安全带来隐患。发生工程变更时，业主方希望承包商能够对原有工程与变更工程都付出较多的努力，以保证工程项目绩效维持在较高水平上。但由于信息的不对称，承包商的行为存在道德风险。

在工程变更过程中，业主方往往会对变更部分加强监督，导致承包商在变更部分的努力上升，而对原有工程的努力程度降低，且变更部分努力的上升幅度小于原有部分努力的下降幅度，导致整体工程质量的下降。加强前期管理才能有效减少工程变更，从而保证工程质量，故应在前期引入"勘察监理"保证地质勘察深度和质量，引入"设计监理"保证设计深度和质量。

在设计阶段，设计变更必须严格经过设计、监理或业主的确认才能下达施工单位施工。虽然频繁的工程变更会导致管理混乱，给工程质量带来一定影响，但是合理的变更和有效的变更管理可以进一步满足不同群体对工程功能的需求，一定程度上提高工程质量、提升工程满意度。

在产品开发设计过程中，大多数产品都是通过不断变更逐渐得到改进和完善的，最后能够开发的产品往往都能满足甚至升级既定的设计要求，从而提升了产品的质量，延长了产品的生命周期。基于工程变更管理范式，提出了一种全面的质量检验计划方法，通过检验相关变更需求，能够系统地推导出检验过程变更的适宜设计方案，对质量检验过程的适应性进行规划、评估和实施。有效管理工程变更的能力反映了企业的敏捷性，要想得到高质量的产品或工程项目就要同时在规划设计阶段和实施阶段进行跟踪检查，并从工程变更方法及信息系统方面对工程变更的过程进行优化。

（四）廉政风险影响

工程项目的环节复杂，各种利益关系相交叉。对于施工单位而言，获得超额利润往往通过工程变更手段实现。在项目参建方（设计单位、监理单位、招标单位、业主方等）中，凡是有可能促成工程变更的主体，都有可能成为恶意变更、低价中标、高价结算的围猎对象，形成廉政风险。工程变更的原因多种多样，往往以增加工程造价为主，当然也有减少工程造价获得超额收益的。

一方面，施工单位通过低价甚至低于成本价中标项目，在项目实施过程中，通过工程变更，增加项目投资额，多数情况下，为了便于项目管理，限额以下的工程（现行标准是 400 万元以下）可不进场公开招标，往往直接委托原施工单位实施。施工单位通过多次变更，逃避公开招标，获得新的工程量。

另一方面，施工单位在投标时，采取不平衡报价中标项目后，往往会通过工程变更获得超额收益。值得注意的是，工程变更管理实践中，建设单位往往重视控制造价增加的工程变更，对不平衡报价、恶意减少造价的变更管理重视程度不够。

第二节　影响工程变更的因素

一、工程变更产生的根源

（一）合同双方潜在需求显现度

人是有限理性的，因此签订的工程合同会具有不完备契约的特性，即使在签订合同时双方尽可能地将以后可能会发生的事情预料到或提前规定好，但由于合同双方的潜在需求可能会发生变化并难以预测，在项目实施期间也很难避免后期变更事件的发生。主要有以下两个方面的原因。

1. 业主自身需求的显现

由于工程建设模式的特点，一般建设项目周期比较长且投资较大。业主方可以在研究之后就进行发包，此时业主方需求基本不算明确。而随着时间的推移和建设环境的逐渐清晰，业主方会随之进一步明确自身的需求点和功能点，从而可能会因为自身需求的改变而发生变更。

2. 承包方潜在需求出现

承包方负责设计、采购、施工一体化工作，由于处于建设施工现场，承包方相对业主方而言存在信息不对称的情况，具备较好的信息优势，这一特征可能使得建设过程中因为双方立场或信息度不同而产生纠纷，从而造成变更的产生。

（二）合同条款不明确

受限于合同的不完备性和合同签约人的有限理性，签订工程合同时很容易出现合同条款不明确的情况，主要有以下三个方面的原因。

①合同双方未考虑清晰，因此表述不够明确。

②签约时，合同双方无法判断并且无法确定后期会发生的事件，因此表述不明确。

③合同条款存在语言歧义，因此条款表述较为模糊。

（三）工程环境不确定性

工程受环境影响的范围比较大。例如，法律法规、政策变化、不可抗力等。工程项目一般是固定总价合同，虽然总价不变，但如果发生环境或不可抗力之类的变化，业主方和承包方都要承担一定的风险，此时就会发生工程变更事件。

（四）工程项目的复杂性

工程项目是设计、采购、施工一体化模式，因此某一环节发生改变很可能造成其他环节的工作也会随之变化，同时还要考虑每个环节各项工作间的衔接性，因此工程项目的复杂性更高，也就意味着工程项目具有更多的不确定性和不稳定性，从而造成变更的原因也更为复杂和多变。

（五）机会主义、有限理性和认知差别

机会主义行为。这里主要是指承包方可能会以侥幸的心理来进行非正常的创收行为。例如，承包方利用自己的信息和专业优势，寻找可以发生变更的事件，从而获取利益。

有限理性。有限理性主要是指签订合同的双方不可能把所有的事情都考虑得十分周到和全面，总会存在系统误差，从而给后期变更事件的发生埋下了种子。

认知差别。认知差别主要是指由于立场不同，业主方和承包方对某一件事情的认识和理解有所不同，从而产生分歧和争端，发生工程变更。

二、影响工程变更的常见因素

（一）主观因素

1. 业主方面的影响因素

业主方作为整个建筑工程项目的发起者和验收者，提出的工程变更在一定程度上反映了建筑工程所处的市场环境。从业主方角度分析工程变更发生的原因如下。

①勘察单位勘察不到位，导致无法按原设计方案施工，业主方提出变更。

②设计单位在收集工程地质及其他基础资料不完整的情况下就进行图纸设计，导致无法进行施工，业主方提出变更。

③项目所处的市场环境发生变化，如材料价格上涨、出现新的法规等，导致业主方提出提高建设标准、采用新的施工技术、改变施工计划等变更。

④未按招标文件中的相应条款来签订合同或未履行合同中规定的条款，业主方提出变更。

⑤在施工过程中，合同清单内出现丢项、漏项、工程量误差大的情况，业主方提出变更。

⑥施工现场情况发生变化，影响施工进度，业主方提出变更。业主方提出工程变更，一方面是为了保证自己的利益，另一方面是为了工程项目的顺利进行，采用工程变更来积极适应市场环境的变化，及时调整施工技术及施工计划。

2. 承包商各方面的影响因素

承包商作为工程项目施工过程中的实施者，按照业主方提供的施工图纸进行施工，在施工过程中，工程项目所处的市场环境具有动态性，会出现一些困难，承包商为了缩短工期、降低成本、提高施工质量等，就得采取工程变更解决这些困难，保证工程项目的顺利进行。从承包商角度分析工程变更发生的原因包括以下几点。

①施工现场情况的变化。遇到不可预料的情况或施工技术不能满足施工要求等，承包商方提出工程变更来保证自身的权益。

②承包商受到其现有施工设备的限制，提出工程变更来解决出现的问题。

③工程项目所处的环境发生变化。法律法规的变化、材料价格的上涨、采用新的施工技术、施工计划发生变化等，承包商提出工程变更来保障自身的权益。

④为了节约工程成本和加快工程进度等，承包商提出工程变更。

⑤设计不合理或勘察不到位导致无法进行施工，承包商提出工程变更。

⑥未按招标文件中的相应条款来签订合同或未履行合同中规定的条款，承包商提出工程变更。

3. 施工方各方面的影响因素

①施工失误。施工单位的技术人员综合能力欠缺，对施工方案的理解不透彻，使其在具体开展施工的过程中出现错误，这就会直接引起施工的变更。

②工期变化。合同中已经确定了完工日期，如果出于种种原因，工期需要调整或者有特殊的要求，就需要进行特殊的处理，或者采用新技术、新材料，或者加大投入以加快进度。工期调整也是造成变更的重要因素。

③现场增设。主要是指在施工过程中，建设规模必须予以扩大，并且除了合同规定的工程内容，还需要进行一些补充。以上情形下的变更一般基于业主方的思想，同时变更的指令必须由工程师下达，业主方需要承担全部增加工程的相应费用。但是出于对专业知识方面的考虑，业主方可以采取对部分变更进行管理的方式，将新增工程的风险转移给监理和承包商。对于一些未在原设计图纸中包含的部分，新增加的范围或者在原图纸中未包含的做法也会产生变更。

④工艺做法变化。工艺做法变化是在施工进程中发现具体执行情况与业主方的资料不相同或者是进行的过程中业主方没有及时提供资料，这就会使得原计划

无效，工程无法继续进行。例如，业主方的勘察资料中土层是软弱土层，而实际执行时却是坚硬岩石，那么就造成了资料和实际不相符的情况，这就会使原定的方案不适于施工的进行。又如，业主方应当保障施工过程的临时用电，却未准备，那么整个施工过程也无法进行下去。可以说整个施工的过程都是围绕具体的方案开展的，如果出现了各个方面的变化，如环境、地质等条件的变化，那么就会直接导致施工中止，并且需要进行相应的变更，承包商必须提出对原施工方案进行改变的要求。

⑤红线外影响。由于红线外的因素变化，工程项目需要做一定的调整，从而产生的变更。

⑥交叉扣款。由于工程项目的参与方众多，施工单位也很多，经常有各个不同的施工单位交叉作业、作业面重复的情况。在相同的作业面进行先后作业，后施工的单位如果没有对已完成的工程进行必要的保护，就会对已完成的工程造成破坏，从而产生交叉扣款。

4. 其他第三方各方面的影响因素

其他第三方作为工程项目的参建者，包括监理单位、设计单位等，在施工过程中，监理单位履行监管整个工程质量的职责，会将施工现场发生的情况及遇到的问题及时反映给业主方。设计单位在施工过程中，会依据施工现场遇到的施工难题或原设计的缺陷主动提出设计变更完善设计图纸，也会在业主方的要求下，对设计图纸进行变更。

①监理单位依据施工现场的情况，经过分析讨论，上报给业主方，建议工程变更。

②设计单位完善原设计图纸，提出设计变更。一是图纸错漏短缺。图纸错漏短缺指的是一种工程变更指令，这种指令的发出是由于图纸修改以及设计文件补充等的出现。这种变更通常在项目建设的过程中出现，可能是参与方基于发现一些计算错误或者图纸错误而提出一些需要修改的地方，也可能是设计遗漏或是设计深度不够导致对具体施工缺乏指导，抑或业主方的需求发生改变需要进行优化处理。进行上述变更，其设计的修改必须还是由原设计单位来进行，但是如果另一方的设计方案和图纸是经过原来设计单位审核过并确认的，就可以进行相应的实施。施工单位必须按照图纸进行施工，并且不能对图纸进行主观修改。在合同中业主方可以说明相关的规定，如果设计图纸未经设计单位审核确认，那么为了保证质量，完成的工程量不予结算。有些设计单位的设计师业务水平有限，其设

计人员的专业技术水平不高，同时理论基础较差，对目前的规定以及质量标准不熟悉，会直接导致设计出的图纸文件质量不高，对项目没有全局的把握，各专业图纸不交圈，达不到规定的要求，势必会引起后续施工过程中的设计变更。二是补充设计做法。对一些在项目初期没有确定设计做法，在项目施工过程中对一些部位补充了做法。三是深化及二次深化设计。对一些在项目初期无法确定的，如电梯的预埋件、一些特殊设备的埋件等，只有在专业厂家进场以后才能根据现场的实际情况来选型，如果主体施工时预留的洞口等无法使用，就需要进行封堵并重新进行预埋件的埋设，会导致变更的产生。

③施工现场情况影响到了工程相邻的第三方。例如，施工影响到当地居民的出行，需要增加工程造价，导致工程变更。

（二）客观因素

随着市场经济的发展，各种产品和材料都不断进行创新，同时技术层面也不断进行变革，为了保证社会的公共利益以及促进技术的变革，政府会调整具体的施工措施和设计方面的变更，这时就会展开一系列的举措。例如，取消一些强制性的规定或是淘汰一些落后技术及产品。举措的施行会使得正在进行的一些工程发生变更，主要是一些正在使用旧工艺以及落后技术的工程。设计以及施工方案的修改都根据政府的政策规定而进行。

除了国家相关政策、规范的调整等因素影响工程变更，客观因素还包括地震、暴雨、地质变化、台风等不可预见的不可抗力事件的影响，以及建筑材料、机械设备价格的波动。项目周边自然环境以及作业环境变化的影响。例如，已有建筑物、同期项目施工的影响。

当外部环境发生变化时，项目原有计划和目标可能会被打乱，因此，项目参与方需要采取相应的措施来应对外部因素变化所带来的影响，因而发生了工程变更。

第三节 基于 BIM 的工程变更管理应用

一、BIM 技术在工程变更管理中的应用价值

在应用 BIM 技术控制工程变更发生方面，其价值具体分析如下。

（一）提高成果质量

利用 BIM 软件将工程勘察成果导入并进行可视化，可实现上部建筑、结构

与其地下空间工程地质信息的三维融合，使设计过程与勘察结果更加紧密结合，提高设计成果的质量。

（二）提高管理效率

工程项目具有复杂多变、动态多变等特点，这使得工程中的设计变更频繁发生。更改设计要求大量的现场信息，且信息反馈存在一定的滞后性，因此，传统的更改设计管理方法难以对此进行突破，而 BIM 技术的运用则在这一领域取得了突破。在发生设计变更的时候，对其进行修改之后，其他所有人员获得的模型数据也会随时更新，可以很好地体现出信息的及时性，从而加速工期的推进，减少对资源的消耗，提升管理效率。

（三）实现管理精细化

先建立 BIM 模型，然后利用冲突探测技术，找出需要改进的地方。在对模式的最终方案进行了确认之后，再对新增加的项目进行准确的算量，并通过定额和单价来计算出预算。通过这些基本数据的计算，可以为采购计划部对已有的和新增的材料进行管理，为最后的结算提供了可靠的依据。

在整个更改流程中，BIM 的可视化、碰撞检测、数据准确透明都可以在这个过程中得到很好的应用，它为企业提供了一个全新的管理平台，与传统的管理平台相比，BIM 技术可以充分地实现精细化管理。

（四）实现数据集成化

在传统的工程变更中，都是以 2D 图纸的形式来体现的。但是，在进行人力的调整和重新核算方面，需要耗费大量的时间。例如，对合同价款的调整、成本的调整、材料量的调整，数据之间的传输也是依靠纸质文档来录入，因此，数据的整合速度会相对缓慢。

使用 BIM 技术的时候，在对工程变更信息进行修改之后，各个专业的数据也会得到及时更新，并且还可以将工程变更进行量化，利用上传到信息交流平台的方式，将工程数据进行集成，从而可以实现多个方案的对比，为变更决策提供了强大的支持。

（五）提高可施工性

目前工程变更管理多把重点放在施工阶段，因为变更一般发生的时间是在施工阶段，然而究其原因，这些施工阶段出现的工程变更，多数来源于缺乏设计阶段的预先控制。

基于 BIM 的施工图设计，一方面设计文件的准确度大大提高，设计人员通过协同平台实现信息互用，避免了构件信息的重复输入和传递错误；另一方面图纸的可施工性大大提高。通过 BIM 技术的碰撞检查和三维管线综合及可施工性模拟，可有效规避设计中各专业间存在的冲突和矛盾，避免设计错误传递到施工阶段，引发不必要的工程变更，同时提高施工图的可施工性。

二、工程变更管理中 BIM 技术的应用流程

从项目方案设计阶段开始，到运营阶段结束，贯穿了项目方案设计、初步设计、施工图设计、施工图实施（建筑安装）、竣工验收和生产运维全过程。建模是 BIM 技术使用的基础，模型应用是 BIM 技术价值的体现。整个过程以方案设计和初步设计阶段为起点，在这两个阶段，项目设计单位根据项目的功能性需求、厂址条件、地勘资料等，创建建筑、结构专业模型，通过评审后用于设计方案比选和初设概算编制，并进入施工图设计建模阶段；该阶段设计单位以建筑、结构专业模型为基础，完成机电、暖通等所有专业模型创建，并应用于专业图审，发现设计缺陷特别是专业间存在的矛盾，加以修改和优化。

施工图设计阶段是实现项目控制目标事前控制的关键阶段，通过"限额"设计可以从源头控制投资，通过 BIM 应用可以在实现"限额"设计的基础上，提高设计质量，减少设计缺陷、错误引起的工程变更，避免变更引起的进度、投资、质量等目标失控。

而后进入施工图实施阶段，在该阶段，施工总承包单位先完成设计模型深化，创建用于施工作业的各专业模型，然后用通过评审的施工作业模型进行专项施工方案的编制和审查、施工技术交底、模拟施工等，最后以施工作业模型、专项施工方案、模拟施工总结的技术要点等为依据，开展项目建筑安装施工。

施工图实施阶段是实现项目控制目标事中控制的关键阶段，通过 BIM 施工作业模型的创建和应用，提升项目进度、质量、安全、变更等管理水平。

在竣工验收阶段，施工总承包单位完成竣工模型创建，并应用于项目"三查四定"、专项验收和总体验收。

最后，在运维阶段，设计单位主导、集团和施工总承包单位配合完成运营模型建模，以备项目投产后生产运营和维护使用。在项目全生命周期中，设计阶段和施工阶段是工程变更管理的重点阶段。

第九章 工程案例

为了阐明 BIM 技术的价值，分析 BIM 技术在施工管理中的应用方式，结合实际工程实例进行分析和阐述，为同类工程提供了参考。本章分为多哈大桥项目、盘锦体育场项目、徐州奥林匹克体育中心体育场项目三部分。

第一节 多哈大桥项目

一、工程概况

卡塔尔东部高速项目在高架部分的箱梁内采用后张有黏结预应力技术。预应力工程量大，分布范围广。同时预应力单个孔道内钢绞线数量多，且多数为 4 跨、5 跨连续箱梁，总长度超过 150 m 的占总箱梁数的近 60%。由于采用全预应力设计，故预应力施工质量是整个工程控制的重点，也是现场施工、业主方要求最为严格的施工技术内容。

项目部需要合理安排各个工序穿插作业，严格遵守施工技术交底，细致控制施工质量。同时，由于预应力施工相关性、连续性强，前面工种的施工质量对后续施工有很大的影响，故需要确保每个环节的施工作业都按照相关的标准严格检查，从而确保整个预应力施工的顺利进行。

二、基于 BIM 技术的施工工艺模拟

（一）施工前作业施工工艺模拟

基于 BIM 技术的施工前作业施工工艺模拟工序如下。

①基于 BIM 技术预应力箱梁两端柱子安装模拟。

②预应力箱梁底部支撑脚手架搭设安装模拟。

③预应力箱梁底模和两侧模板安装模拟。

（二）预应力安装施工工艺模拟

基于 BIM 技术的波纹管临时安装施工工艺模拟工序如下。

①在腹板内安装临时支撑，临时支撑（每隔 2 m 设置一个）和腹板相应高度的腰筋连接固定。

②将波纹管（4 m 一段）从端部穿入腹板内，安放在临时支撑上并用钢丝临时绑扎固定。

③将波纹管用接头连接，并临时安装热缩带，最后用胶带（用黄色表示）将接头临时绑扎起来。

④在波纹管相应高点，最低点位置处使用热熔机在波纹管上打孔，并安装出气孔接头。

（三）穿筋施工工艺模拟

基于 BIM 技术的穿筋施工工艺模拟工序如下。

①在箱梁端部搭设预应力穿筋操作平台。

②将穿束机和预应力穿筋架体用吊车放在操作平台上，并用吊车将成盘的钢绞线调至预应力穿筋架体里（用吊装带进行起吊）。

③将钢绞线从架体里拉出并引入穿束机，用穿束机将单根钢绞线传至波纹管口时在钢绞线端部安装导帽。

④继续运转穿束机，将预应力筋穿入临时支撑上的波纹管内。

⑤当另一段预应力筋穿出波纹管一定长度后，停止穿筋施工，确定两端外露长度后，用砂轮锯将穿筋端的预应力筋切断。

⑥根据上述流程继续穿筋，完成 37 根钢绞线的穿筋施工。

（四）落位施工工艺模拟

基于 BIM 技术的落位施工工艺模拟工序如下。

①落位前根据预应力波纹管的矢高，安装定位支撑钢筋（500 mm 间距）。

②将临时支撑上波纹管的临时绑扎钢丝剪开。

③在桥中间跨的临时支撑波纹管处用吊装带缠绕，准备起吊（4 个吊点）。

④用两台吊车通过吊装带将临时支撑架上的波纹管吊起，脱离支撑即可。

⑤将临时支撑拆除。

⑥利用吊车缓慢将波纹管落位至相应的定位钢筋上。

⑦解除波纹管处的吊装带，完成中间跨波纹管的落位施工。

⑧根据上述步骤将两端的预应力波纹管落位至相应矢高的定位钢筋上。

（五）安装施工工艺模拟

基于 BIM 技术的安装施工工艺模拟工序如下。

①用 U 形钢筋将波纹管固定在定位钢筋上。

②拆除波纹管连接处的临时胶带，用喷枪将热缩带加热缩紧安装波纹管接头。

③安装预应力张拉端处喇叭口（此处螺旋筋临时和喇叭口固定）：由于采用落位的施工方法，预应力外露出波纹管，故喇叭口用吊车吊起，将喇叭口从钢绞线端倒穿入喇叭口 [张拉端为 3 个组装式，即 3 个喇叭口用端部模板（即齿板）组合在一起]。

④喇叭口就位后，将喇叭口和波纹管用接头连接，并用热缩枪将专用热缩管加热处理密实。

⑤安装出气管配件，将出气管和热熔处的接头拧紧，并伸出梁顶面。

传统的施工，只能单纯地通过语言进行指导，工人在施工时必然会出现不同程度的问题，延长施工的工期，而利用 BIM 技术进行施工工艺的模拟，既方便了对施工人员的指导，也使工人能够更加直观地了解施工工艺，不容易出错，大大提高了指导施工的效率，缩短了施工工期。

第二节　盘锦体育场项目

一、工程概况

盘锦体育场为第十二届全运会女子足球场，其屋盖为马鞍形索网结构，平面呈椭圆环形，平面尺寸为 270 m×238 m，屋盖悬挑长度为 29～41 m，在长轴方向悬挑量小，短轴方向悬挑量大。其中外围钢框架包括内外两圈 X 形交叉钢管柱和自上至下共 6 圈环梁（或环桁架）；主索系包括内圈环向索 1 道、144 道吊索、72 道脊索和 72 道谷索，其中环向索由 10 圈直径 115 mm 和 110 mm 的 Z 形密封进口拉索组成，径向索均为 Glafan 拉索，最大直径为 120 mm；膜面布置在环索和外围钢框架之间的环形区域，并跨越 72 道脊索和 72 道谷索形成波浪起伏的曲面造型。盘锦体育场屋盖结构形式比较新颖，跨度大，径向索（吊索、脊索和谷索）数量比较多，而且成型后拉索索力比较大。在施工过程中，结构从组装到成型，刚度从无到有，而且结构几何非线性极强，实际施工中对结构形状的控制难度非常大，这就造成了施工难度特别大。

二、基于 BIM 技术的施工

（一）准备工作

1. 组建 BIM 团队

在工程项目实施前期，项目经理部开始做 BIM 准备工作，先成立 BIM 指导团队，将团队内细分为各个小组，根据人员的工作性质，项目的 BIM 团队建立决策层、项目管理层和现场实施层三级应用组织架构，以集团公司总工程师为领导核心，涵盖建模以及实施应用。

2. 制定项目 BIM 标准及 BIM 实施方案

结合盘锦体育场项目情况，项目 BIM 团队制订了针对本项目的 BIM 实施方案，明确项目各专业的分工及职责；建模标准中统一 BIM 协同原点、项目文件命名规则、架构、信息、颜色、软件版本、给出问题报告格式和交付标准等。

①文档架构及文件命名规则。为便于数据间的沟通，项目模型数据采用中央存储模式，即所有专业、构造模型统一存储在 BIM 文件服务器，各组人员可通过共享方式存取文件。对于文档的命名应与项目分部分项表编码相统一，必要时可以增加注释说明。

②模型构建材质和颜色。在专业样板文件的基础上，对不同构件的 RGB（颜色系统）值进行统一设置。

③模型基本绘制要求。各专业模型应严格分开建立，不得跨层建立模型构件；对于机电专业模型应考虑施工流程，同时应考虑层高和预留孔洞问题。

④各专业工程师按照 BIM 实施方案进行模型维护工作，及时上传现场资料，保证同步动态更新模型信息。

⑤对于现场质量问题。例如，配筋不规范、墙面平整度不达标等问题，工程师可通过 BIM 移动终端上传质量问题照片，必要时配备文字说明，上传至 BIM 信息协同共享。

（二）工程建模

进场之初，项目经理部根据现场实际情况，与工程部、技术部等分析各施工工艺要求，预估施工各阶段人工、材料、机械设备等资源的配备数量，分析现场安全设施、用电设备、场内道路、材料存放等因素，最终确定施工组织总平面图，根据项目施工组织总平面图方案，利用 BIM 制作施工场地平面布置图，方便现场各区域的合理利用。

工程建模的首要工作是进行标高和轴网信息的创建，确定项目标高之后创建轴网，轴网和标高的配合确定每个楼层的具体位置。然后是梁、板、柱、管道等构件的创建，在对这些构件进行创建前先要对构件的属性进行定义，然后将其进行整合，形成整体模型。

第三节　徐州奥林匹克体育中心体育场项目

一、工程概况

徐州奥林匹克体育中心体育场集体育竞赛、大型集会、国际展览、文艺演出、演唱会、音乐会和演艺中心等功能于一体，建筑面积 52 000 m^2，可容纳 3.5 万人。体育场结构形式为超大规模复杂索承网格结构，最大标高约为 45.2 m，平面外形类似椭圆形，结构水平投影尺寸约为 263 m × 243 m，中间有尺寸约为 200 m × 129 m 的类似椭圆形开口。

二、基于 BIM 技术的施工

（一）施工场地布置

徐州奥林匹克体育中心体育场是一项高难度的工程，因此，在工程开始之前，合理地安排好场地内的各种施工设备是非常必要的。通过 BIM 模型的可视性来进行三维立体的施工计划，能够更容易、更精确地进行施工布局计划，从而可以解决在平面施工场地布局中无法回避的一些问题。例如，大跨空间钢结构的构件通常都很长，因此需要用超长的车辆来运输钢结构构件，这样就会出现道路转弯半径不足的情况。因为预应力钢结构的施工过程比较复杂，所以在施工现场需要设置多台塔吊，在施工过程中，经常会出现塔吊旋转半径不够导致的施工碰撞事故。

在已经构建好的徐州奥林匹克体育中心体育场整体结构 BIM 模型的基础上，对施工场地展开了一种科学的三维立体规划，其中包括了生活区、钢结构加工区、材料仓库、现场材料堆放场地、现场道路等的布局，这样能够更好地体现出施工现场的实际状况，节省了建设用地，确保了现场运输道路的畅通无阻，便于对施工人员的管理，同时还能有效地防止二次搬运和事故的发生。

（二）施工深化设计

徐州奥林匹克体育中心体育场的钢架结构中，存在着许多复杂的预应力链接，而设计单位提供的图纸又不够精细，与实际施工有较大的矛盾，因此，必须对图纸进行精炼、优化、改进。运用以 BIM 技术为基础的建筑深化设计方法，按照深化设计的要求，建立了一组包括了构件尺寸、应力、材质、施工时间及顺序、价格、企业信息等多种信息的系列文件，包括了徐州奥林匹克体育中心所独有的耳板族、索夹族、索头族、索体族和复杂节点族。在这些系列文件的基础上，能够自动生成各个专业的具体施工图纸，并对各个专业的设计图纸进行整合、协调、修改以及校核，从而达到了现场施工和管理的要求。

索夹连接件的作用方式是将预应力通过索夹连接件传递给整个结构，因此，索夹连接件的设计将直接影响到预应力的作用效果。徐州奥林匹克体育中心体育场主塔的索力很大，为了保证结构的安全性，需要进行第二次校核。将已经构建好的环索索夹模型导入 Ansys 有限元软件中，并对其进行弹塑性分析，这样能够在确保力学分析模型与真实模型相符的情况下，节约二次建模的时间。

（三）安装质量管控

对预应力钢结构而言，预应力关键节点的安装质量至关重要。安装质量不合格，轻者将造成预应力损失、影响结构受力形式，重者将导致整个结构的破坏。

将 BIM 技术运用于徐州奥体体育馆施工过程中，其具体表现为：一是对施工过程中的索夹、调整端索头等关键部件的施工过程进行了严格的控制；二是对安装位置的焊接是否符合要求，螺钉是否紧固，安装位置是否恰当等方面的质量进行了监控。徐州奥林匹克体育中心体育馆内各主要预应力节点的施工比较复杂，利用 BIM 建模或主要部分施工动画来引导施工，能有效控制施工质量。

（四）施工进度控制

在过去的工程中，协作的低效率使得项目的管理工作很难得到改进。一项研究显示，有 20% 以上的项目进度因协作而失去。徐州奥林匹克体育中心体育馆运用三维 BIM 沟通语言，协同平台，通过施工进度模拟，现场 BIM 结合，以及手机智能终端拍摄等方式，提高沟通的效率，从而最大限度地保证施工进度目标的达成。

在对施工进度进行模拟的过程中，一方面可以直观地检查实际进度是否按计划要求进行；另一方面，如果出现某些原因导致的工期偏差，可以分析原因并采取补救措施或调整、修改原计划，保证工程总进度目标的实现。

采用无线移动终端、Web 及 RFID（无线射频识别）等技术，全过程与 BIM 模型集成，可以做到对现场的施工进度进行每日管理，避免任何一个环节出现问题给施工进度带来影响。

参考文献

［1］可淑玲，宋文学．建筑工程施工组织与管理［M］．广州：华南理工大学出版社，2015．

［2］朱长全．建筑施工技术与质量管理要素［M］．沈阳：沈阳出版社，2016．

［3］唐传平，侯庆，胡庭婷，等．建筑施工组织与管理［M］．重庆：重庆大学出版社，2016．

［4］郭红领，刘文平，张伟胜，等．BIM与施工安全管理［M］．北京：中国建筑工业出版社，2019．

［5］彭靖．BIM技术在建筑施工管理中的应用研究［M］．长春：东北师范大学出版社，2017．

［6］赵伟，孙建军．BIM技术在建筑施工项目管理中的应用［M］．成都：电子科技大学出版社，2019．

［7］王淑红，郭红兵．建筑施工组织与管理［M］．北京：北京理工大学出版社，2018．

［8］宋娟，贺龙喜，杨期柱，等．基于BIM技术的绿色建筑施工新方法研究［M］．长春：吉林科学技术出版社，2019．

［9］嵇德兰．建筑施工组织与管理［M］．北京：北京理工大学出版社，2018．

［10］刘鉴秾．建筑工程施工BIM应用［M］．重庆：重庆大学出版社，2018．

［11］沈艳忱，梅宇靖．绿色建筑施工管理与应用［M］．长春：吉林科学技术出版社，2016．

［12］崔晓艳，张蛟．建筑施工企业成本管理研究［M］．延吉：延边大学出版社，2019．

［13］黄伦鹏．基于BIM理论钢结构施工应用研究［M］．延吉：延边大学出版社，2019．

［14］章峰，卢浩亮．基于绿色视角的建筑施工与成本管理［M］．北京：北京工业大学出版社，2019．

［15］徐照，李启明．BIM 技术理论与实践［M］．北京：机械工业出版社，2020．

［16］杜涛．绿色建筑技术与施工管理研究［M］．西安：西北工业大学出版社，2021．

［17］刘臣光．建筑施工安全技术与管理研究［M］．北京：新华出版社，2021．

［18］赵军生．建筑工程施工与管理实践［M］．天津：天津科学技术出版社，2022．

［19］张升贵．智能建筑施工与管理技术研究［M］．长春：吉林科学技术出版社，2022．

［20］刘军生，石韵，王宝玉，等．BIM 技术在施工管理中的应用研究［J］．施工技术，2015（增刊1）：785-787．

［21］包旭．BIM 技术在建筑工程施工管理中的应用探索［J］．建材与装饰，2017（9）：170-171．

［22］张秋菊，刘见涛，曾胤升．浅谈 BIM 技术在项目施工管理过程中的应用［J］．住宅产业，2018（1）：69-71．

［23］吴波．BIM 技术在建筑工程施工管理中的应用探索［J］．中小企业管理与科技（中旬刊），2018（2）：145-146．

［24］张文．BIM 技术在施工管理中应用和推广的意义［J］．中国标准化，2018（12）：151-153．

［25］范健康，周扬．基于 BIM 技术的施工管理平台研究［J］．山西建筑，2019（19）：176-177．

［26］孙维军．BIM 技术在建筑工程施工管理中的运用［J］．房地产世界，2021（12）：82-84．

［27］武沛涛．BIM 技术施工管理质量研究［J］．散装水泥，2021（2）：107-108．

［28］蔺雪兴．BIM 技术在绿色建筑施工管理中的应用［J］．智能建筑与智慧城市，2021（12）：126-127．

［29］方晓东，余梅波．BIM 技术在建筑工程施工过程中的质量控制应用［J］．智能建筑与智慧城市，2021（11）：65-66．

［30］颜泽林，高明，段陈．基于 BIM 技术的建筑施工安全运维管理策略分析［J］．中国住宅设施，2021（10）：91-92．